Lucrèce Marcelline Délicat-Loembet
François Renaud
Lucas Sica

Pression Sélective et Adaptative du Paludisme sur la Drépanocytose

Lucrèce Marcelline Délicat-Loembet
François Renaud
Lucas Sica

Pression Sélective et Adaptative du Paludisme sur la Drépanocytose

Corrélation Paludisme & Drépanocytose au Gabon

Presses Académiques Francophones

Imprint

Any brand names and product names mentioned in this book are subject to trademark, brand or patent protection and are trademarks or registered trademarks of their respective holders. The use of brand names, product names, common names, trade names, product descriptions etc. even without a particular marking in this work is in no way to be construed to mean that such names may be regarded as unrestricted in respect of trademark and brand protection legislation and could thus be used by anyone.

Cover image: www.ingimage.com

Publisher:
Presses Académiques Francophones
is a trademark of
International Book Market Service Ltd., member of OmniScriptum Publishing Group
17 Meldrum Street, Beau Bassin 71504, Mauritius

Printed at: see last page
ISBN: 978-3-8416-3553-2

Zugl. / Agréé par: Montpellier, Université Montpellier 2, 2014

REMERCIEMENTS

Bien que, vous remercier ne soit pas suffisant pour moi, je remercie infiniment le **Docteur François RENAUD** pour m'avoir soutenue, et pour m'avoir fait confiance tout au long de ce travail de thèse. Vous avez été pour moi non seulement un encadrant, mais aussi une source d'inspiration. J'ai tiré le courage de continuer ce travail malgré les difficultés, de la confiance que vous aviez placée en ma personne. Je vous remercie de m'avoir accueillie au sein de votre équipe GAP (Génétique et Adaptation des Pathogènes).

Un remerciement spécial à **Eric ELGUERO** pour son soutien inconditionnel. Je te remercie pour ta patience, tes conseils et surtout pour ta compréhension. Travaillé avec toi m'a permis d'aller toujours un peu plus loin dans mon travail de recherche et d'avancer sereinement tout au long de mon travail de thèse. Merci infiniment.

Je remercie infiniment Mr. **Eric LEROY**, Directeur Général du CIRMF, de m'avoir conseillée en me rappelant que pour obtenir ce que l'on désire, on doit se battre et se concentrer sur son objectif.

Je remercie infiniment le **Docteur Jean-Paul GONZALEZ**, ancien Directeur Général du CIRMF de m'avoir donné l'opportunité de faire une thèse.

Je remercie infiniment le **Docteur Lucas SICA**, de m'avoir accueillie au sein du laboratoire d'étude des hémopathies du CIRMF, et de m'avoir donné l'opportunité de faire une thèse.

Je remercie infiniment le **Docteur Benjamin OLLOMO**, de m'avoir accueillie au sein du laboratoire de biodiversité et écologie des écosystèmes parasités. Je vous remercie aussi pour vos conseils et pour votre confiance.

Je remercie particulièrement le **Docteur Franck PRUGNOLLE**, de m'avoir boostée et d'avoir bien voulu Co-encadrer ce travail de thèse. Je vous remercie pour vos encouragements et vos suggestions.

Je remercie infiniment le **Professeur Antoine BERRY** d'avoir accepté de juger mon travail en tant que rapporteur.

Je remercie infiniment le **Professeur Jean Bernard LEKANA-DOUKI** d'avoir accepté d'être un rapporteur de cette thèse.

Je remercie infiniment le **Docteur Denis BOURGUET** d'avoir accepté d'examiner ce travail

Je remercie infiniment le **Docteur Dorothée MISSE** d'avoir accepté d'examiner ce travail.

Je remercie infiniment le **Docteur Anna-Bella FAILLOUX** d'avoir accepté d'examiner ce travail.

Un grand merci au Professeur FOUSSEYNI Touré Ndouo pour ses conseils. Je vous remercie surtout d'avoir bien voulu partager avec moi votre expérience et de m'avoir appris à discerner ce qui est scolaire et de ce qui est intellectuellement stimulant.

Merci au Dr KRISHNAMOORTHY Rajagopal pour son soutien et ses conseils.

Merci au Docteur Dieudonné NKOGHE pour sa disponibilité, ses conseils et ses encouragements.

Merci au Docteur Augustin MOUINGA ONDEME pour ses encouragements et ses conseils.

Je remercie Myglaige MAKAYA pour avoir gardé mes enfants lors de mes missions et pour ses précieux conseils. Merci pour tout ma sœur!!!!

Merci à Hélène CHANGO d'avoir facilité mes déplacements à l'étranger, et l'acheminement des commandes de mon projet de thèse depuis Libreville. Je te remercie pour tes conseils et ton soutien.

Merci à toi Hervé Motalo pour l'acheminement des prélèvements depuis mvengue. Je te remercie aussi d'avoir pris soin de mes prélèvements arrivés sans moi à mvengue.

Je remercie Nathalie BOULOUDI KIBADI et Brice NWEKONDET NKERO, pour la gestion financière et administrative des commandes de mon projet de thèse.

Je remercie le Docteur Guillaume WAMBA pour ses précieux conseils.

Nadine NDILIMABAKA, Joa Braithe MANGOMBI, Octavie BANGA, Boris MAKANGA, Judicaël OBAME, je vous remercie pour toutes vos délicates attentions

Je remercie tous les membres de l'équipe de génétique et adaptation des pathogènes: Céline ARNATHAU, Patrick DURAND, Lionel BRAZIER, Virginie ROUGERON

Je remercie tous les membres de l'Unité des hémopathies : Mezui-me-Ndong Jérôme, MBANG MBORO Thélesfort, Marie Madeleine BOUEGNI, Simon OSSARI

Je remercie tous les membres de l'Unité de biodiversité et évolution des écosystèmes parasités : Bertrand MVE ONDO, Larson BOUDENGA, Lauriane YACKA MOUELE, Diamella Nancy MOUKODOUM, Alain-Pince OKOUGA

Je remercie tous ceux qui, de près ou de loin ont contribué à la réalisation de ce travail.

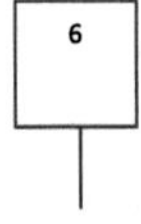

Pression Sélective et Adaptative du Paludisme sur une Maladie Génétique Humaine : la Drépanocytose

RESUME

La drépanocytose est une maladie génétique héréditaire d'un allèle noté « S » situé au niveau des autosomes qui à l'état homozygote est léthal. Elle se caractérise par une déformation des globules rouges due à la production d'une hémoglobine anormale « hémoglobine S » dans le sang. La présence de l'allèle responsable de la maladie à l'état hétérozygote confère aux porteurs une certaine résistance aux infections causées par l'agent paludéen *Plasmodium falciparum*. Plusieurs études sur la drépanocytose ont déjà été réalisées mais à l'échelle continentale. Au Gabon, peu de données existent sur cette maladie où elle représente un problème majeur de santé publique.

Afin d'élaborer une meilleure stratégie de prise en charge des malades et de prévention de la maladie, il est important de connaître la situation actuelle de la maladie sur l'ensemble du territoire gabonais. Pour ce faire, nous disposions d'une cohorte de 4250 prélèvements sanguins provenant de l'ensemble du territoire gabonais. Nous souhaitions tester « *in natura* » l'hypothèse de la pression de sélection positive du paludisme sur la drépanocytose en déterminant les relations voire corrélations entre l'infection palustre et la fréquence de la drépanocytose au Gabon.

Pour atteindre notre objectif nous avons utilisé deux méthodes de dépistage de la drépanocytose : l'Isoélectrofocalisation et l'HPLC, deux techniques complémentaires. La détermination du cortège plasmodial est effectuée par PCR Nichée du gène cytochrome b spécifique du *Plasmodium*. Le séquençage des produits de PCR et la détermination des différentes espèces de *Plasmodium* sont effectués par la méthode de séquençage haut débit 454 (GS FLX, au Titanium).

Les résultats montrent que : i) l'allèle responsable de la drépanocytose au Gabon est l'allèle S avec une prévalence de 21.1% (895/4249) ;ii) absence d'homozygotes HbS/HbS chez les individus de plus de 15 ans iii) les populations les plus touchées sont les bantus (21.7%, n=860/3959) par rapport aux populations pygmées (12.1%, n=35/290), P-value = 0.00013; iv) la zone la plus touchée par la maladie est l'Ogoouée-lolo, prévalence de 28,2% ; v) la prévalence du trait drépanocytaire augmente de manière significative avec l'âge, P-value = 0.017 ; vi) le paludisme exerce une forte pression de sélection sur la prévalence du trait drépanocytaire ; vii) aucun cas de *Plasmodium* de primates non humain n'a été détecté chez les humains, viii) 52,67% (2255/4281) des individus dépistés hébergent au moins un des *Plasmodium* humains: 99,4% sont infectés par *P. falciparum*, 47,6% par *P. malariæ* et 9,9% par *P. ovale*, ix) il y a une forte association entre les paludismes due à *Plasmodium falciparum* chez les personnes asymptomatiques et la prévalence du trait drépanocytaire, P-value = 0.008 ; x) le trait drépanocytaire n'est pas lié au sexe.

Une carte de l'épidémiologie de la drépanocytose et du paludisme au Gabon a été réalisée. Cela permettra une mise en place efficiente des stratégies de lutte contre le paludisme, couplées à des campagnes d'informations sur la drépanocytose.

Mots clés : Drépanocytose, Paludisme, Bantus, Pygmées, Ecosystème, Evolution, Adaptation, Génétique

Selective and adaptive pressure of the Malaria on a Human Genetic Disease: the Sickle cell disease

ABSTRACT

The sickle cell disease is a hereditary illness of a noted allele "S" situated on the autosomes which in the homozygous state is lethal. Sickle cell disease is characterized by a distortion of red blood cells due to the production of abnormal haemoglobin "S haemoglobin" in the blood. The presence of the allele responsible for the disease in the heterozygous state confers to the carriers a certain resistance in the infections caused by the malarial plasmodium falciparum agent. Several studies on the sickle cell disease were already realized but in the continental scale. In Gabon, few data exist on this disease. The sickle cell disease represents a major problem of public health for gabonese government. To develop better one of care of sick person and prevention of the disease, it is important to know the current situation of the disease on the whole Gabonese territory.

We had a troop of 4250 sampling of blood from the whole Gabonese territory. We wished to test *in natura* the hypothesis of the pressure of positive selection of the malaria on the sickle cell disease by determining relationships even linkages between malaria infection and the frequency of sickle cell disease in Gabon.

To reach our goal we used two methods of screenings of the sickle cell disease: the isoelectric focusing and the HPLC two complementary techniques. The determination of the plasmodial species is made by Nested PCR for specific amplification of the mitochondrial cytochrom b gene. The sequencing of PCR products and screening of different *Plasmodium* species are made by next-generation sequencing 454 (GS FLX, Titanium).

The obtained results support our predictions, worth knowing: i) the allele responsible for the sickle cell disease in the Gabon is the S allele with prevalence of 21.1% (895/4249); ii) lack of homozygous HbS / HbS in individuals over 15 years; iii) the most affected populations are bantu population (21.7%, n=860/3959) compared with pygmies populations (12.1%, n=35/290), P-value = 0.00013; iv) the zone the most affected (touched) by the disease is Ogoouée-lolo with prevalence of 28.2%; v) Sickle cell trait prevalence increases significantly with age P-value = 0.017; vi) Malaria exerted strong selective pressures on Sickle Cell trait (SCT) prevalence, vii) there is no transmission of

Plasmodium from nonhuman primates to humans; viii) 52.67% (2255/4281) of individuals carried at least one read assigned to one of the human *Plasmodium*: 99.4% with at least one read of *P. falciparum*, 47.6% with *P. malariae* and 9.9% with *P. ovale*; ix) a strong association between asymptomatic *P. falciparum* malaria and SCT prevalence (P-value = 0.008) ; x) sickle cell trait is not linked to sex.

A map of the epidemiology of the sickle cell disease and the malaria in the Gabon was realized. It will allow an efficient implementation of the strategies of wrestling against malaria, coupled with information campaigns on the sickle cell disease.

Keywords: Sickle cell disease, Malaria, Bantus, Pygmies, Ecosystem, Evolution, Adaptation, Genetic

TABLE DES MATIERES

LISTE DES TABLEAUX

LISTE DES ABREVIATIONS

SECTION I- INTRODUCTION

PREMIERE PARTIE : LE PALUDISME

GENERALITES

1. DEFINITION :

Encore appelé Malaria, le Paludisme qui vient du mot latin
« paludis » qui signifie « marais », est une parasitose grave et mortelle
transmise par un protozoaire du genre *Plasmodium*, dont le vecteur est un
moustique Anophèles. Les zones tropicales ou intertropicales sont les zones
dans lesquelles on est le plus susceptible de contracter la maladie car
propices au développement du moustique.

2. L'AGENT PATHOGENE :

Les plasmodies sont des protozoaires du phylum des apicomplexa
dont la classification a été faite comme suit (Mehlhorn H. 1988) :

- **Classe** : Sporozea
- **Sous-classe** : Eucoccidia
- **Ordre** : Haemosporida
- **Sous-ordre** : Acanoïdina
- **Famille** : Haemosporidae
- **Genre** : *Plasmodium*

3. CYCLE EVOLUTIF DU PARASITE

Largement répandue dans les régions tropicales, l'anophèle a besoin
de surfaces humides (telles que les marais, les étangs) pour se reproduire.
Le *Plasmodium* est présent dans les glandes salivaires des anophèles
femelles sous forme de sporozoïtes, ce qui leur permet de transmettre le
paludisme en piquant leur victime. Pour que le cycle de développement du

Plasmodium commence il est nécessaire que l'anophèle pique la victime (l'Homme dans notre cas) afin d'injecter sa salive.

Le cycle de vie du parasite se fait en trois étapes (Figure 1):

- **La phase hépatique** : pendant la piqûre, des centaines de sporozoïtes contenus dans la salive du moustique femelle, sont transférés dans le sang de l'homme. Ces sporozoïtes envahissent les cellules hépatiques, perdent leur complexe apical, se différencie en trophozoïtes puis en shizontes. Ces derniers vont subir plusieurs cycles de réplication de l'ADN et générer des mérozoïtes exo-érythrocytaires qui sont des nouvelles formes infectantes.

- **La phase intra-érythrocytaire** : elle se déroule chez l'homme. Les mérozoïtes libérés des hépatocytes envahissent les hématies. Le parasite se multiplie pour donner naissance à environ 24 nouveaux mérozoïtes en deux jours, qui, après lyse de globules rouges, peuvent initier un nouveau cycle intra-érythrocytaire ;

- **La phase sexuée** : elle se développe chez le moustique. Ce dernier ayant pris un repas sanguin chez un sujet infecté par *P. falciparum*, ingère le *Plasmodium* qui va passer plusieurs étapes successives, la production des gamètes, fécondation et transition du zygote en ookinète libre. Ces ookinètes traversent l'épithélium intestinal se transforment en oocystes. Ceux-ci, après méiose et mitoses multiples, vont produire des milliers de sporozoïtes mobiles. Ultérieurement, suite à l'éclatement de l'oocyste, les sporozoïtes se retrouvent au niveau des glandes salivaires du moustique de là, ils pourront être injectés avec la salive lors d'une piqûre infectante. La durée de cette phase chez le moustique est d'une quinzaine de jours. Un moustique infesté le reste toute sa vie.

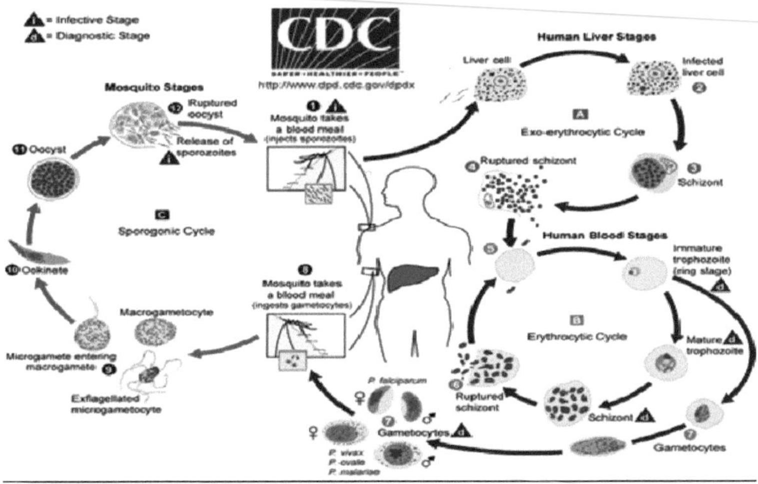

Figure 1: Cycle évolutif du Plasmodium chez l'anophèle et chez l'homme (CDC, 2002)

4. L'HOMME ET LE *PLASMODIUM*

Il existe environ 140 espèces de *Plasmodium* infectant différentes espèces animales. Parmi ces espèces cinq infectent l'homme : *Plasmodium falciparum, vivax, ovale, malariae et knowlesi* (Hedrick 2011).

P. vivax

Il est présent en Afrique, en Asie, et en Amérique latine (Dhanpat *et al.,* 2005). En Afrique australe et orientale, il est responsable de 10% de cas de paludisme, contre 1% de cas en Afrique centrale et occidentale (Kamini *et al.,* 2001).

⬇ *P. malariae*

Il est responsable de fièvres quartes, se rencontre surtout en Afrique sub-saharienne ainsi que dans le Pacifique. Il est également répandu mais moins fréquent en Asie, au Moyen-Orient, en Amérique du sud et centrale.

⬇ *P. ovale*

Il sévit dans les mêmes régions que le *Plasmodium malariae*. Il est responsable de fièvres tierces bénignes avec rechutes à long terme (accès de reviviscence).

⬇ *P. knowlesi*

Il est présent en Asie du sud-est et en Océanie. A l'origine il n'infectait que le chimpanzé, de nos jours il infecte aussi l'Homme (Cox-Singh et al. 2008). Il est responsable de plus de 250 cas de paludisme en Malaisie (Figtree *et al.,* 2010). De nombreux cas de paludisme attribués à *Plasmodium malariae* sont maintenant considérés comme étant causés par *Plasmodium knowlesi*. Les deux espèces sont en effet difficiles à différencier au microscope.

⬇ *P. falciparum*

Cette espèce plasmodiale est à l'origine de fièvres tierces malignes et de 90% du taux de mortalité due au paludisme. Elle est constamment présente en région intertropicale à cause de la présence tout au long de l'année du vecteur (anophèles) avec des successions saisonnières de vecteurs majeurs et secondaires. En zone sub-saharienne, la transmission est interrompue là où le vecteur est absent pendant la saison sèche (Sahel). C'est aussi le cas en Asie, en Océanie, en Amérique Centrale et en Amérique du Sud.

Il existe plusieurs méthodes permettant de détecter le parasite dans le sang des patients.

5. DIAGNOSTIC DANS LE CAS D'UNE INFECTION PATENTE

Lorsque le patient présente des signes cliniques caractéristiques d'un accès palustre, plusieurs tests peuvent être réalisés :

- La goutte épaisse

- Test de Diagnostic Rapide

- Quantitative Buffy Coat (QBC)

- Le Frottis Sanguin (qui permet de déterminer l'espèce plasmodial en présence)

6. DIAGNOSTIC MOLECULAIRE

6.1 Détermination de la présence du plasmodium

6.1.1 Extraction d'ADN

La détermination de la présence de *Plasmodium* nécessite d'avoir pour base l'analyse de l'ADN. Cet ADN est extrait du sang. L'extraction d'ADN se fait en plusieurs étapes comme le montre la Figure 2:

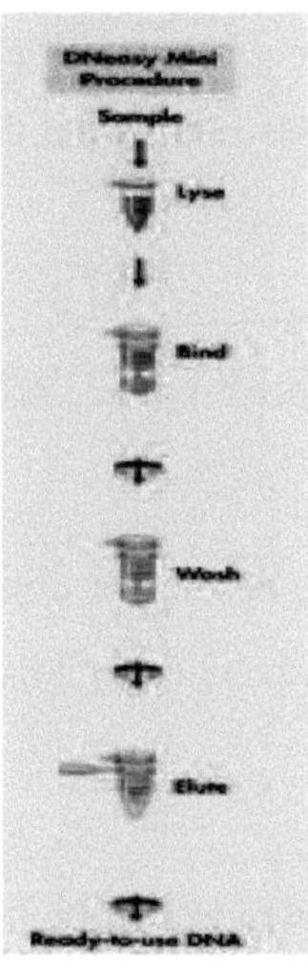

Figure 2: Procédé expérimental d'extraction d'ADN à partir du Sang à l'aide du kit Qiagen « DNease Blood and tissus kit »

6.1.2   *Réaction de polymérisation en chaîne d'acides nucléiques(PCR)*

Le diagnostic moléculaire permettant de déterminer la présence du *Plasmodium* repose essentiellement sur la technique de réaction de polymérisation en chaîne (PCR).

La *polymérase chain reaction* (PCR) est une méthode utilisée en biologie moléculaire qui permet une amplification génique en chaine d'une séquence d'ADN par une polymérase. Cette amplification génique *in vitro* permet une duplication en nombre important d'une séquence d'ADN connue, à partir d'une quantité faible d'acides nucléiques et d'amorces spécifiques constituées d'oligonucléotides de synthèse de 20 à 25 nucléotides.

<u>**PCR Nichée**</u>

Encore appelée PCR emboîtée ou PCR gigogne, la PCR Nichée est une technique qui combine deux PCR successives avec deux couples d'amorces différents. Il existe plusieurs gènes que l'on pourrait étudier mais en prenant l'exemple du gène mitochondrial cytochrome b spécifique de *Plasmodium*:

Le premier couple d'amorces (PCR1) utilisé, pourrait être :

DW2/F : 5'-TAA TGC CTA GAC GTA TTC CTG ATT ATC CAG-3'

DW4 /R: 5'-TGT TTG CTT GGG AGC TGT AAT CAT AAT GTG-3'

Et permettrait d'avoir un fragment de 1260 bp correspondant à la séquence codante du gène du cytochrome b mitochondrial.

Le second couple d'amorces (PCR2) utilisé pourrait être :

CYTB1/F: CTC TAT TAA TTT AGT TAA AGC ACA

CYTB2/R: ACA GAA TAA TCT CTA GCA CC

Qui amplifierait, le fragment situé à l'intérieur du premier amplicon. Cette seconde PCR (PCR2) génère un fragment plus court de 939bp, correspondant au gène du cytochrome b mitochondrial spécifique de *Plasmodium*. La PCR2, est utilisée pour réduire le risque de contamination, augmenter la spécificité de l'amplification du produit final et pour une meilleure sensibilité du résultat.

L'amplification des fragments d'ADN se fait en plusieurs étapes (Figure 3):

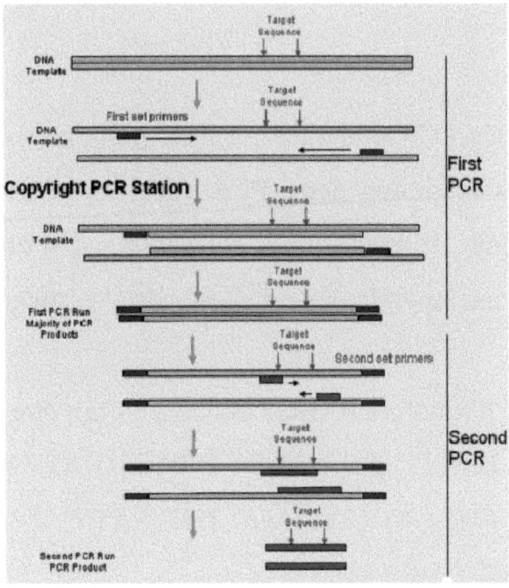

Figure 3: Schéma du principe de la PCR Nichée

Une migration sur gel d'agarose 1.5% permet de vérifier la présence de *Plasmodium* amplifié par PCR Nichée pour les produits de la PCR arrivée en phase finale du processus d'amplification. Cette migration se fait en présence d'un marqueur de poids moléculaire permettant de déterminer la taille du fragment d'ADN obtenu (Figure 4).

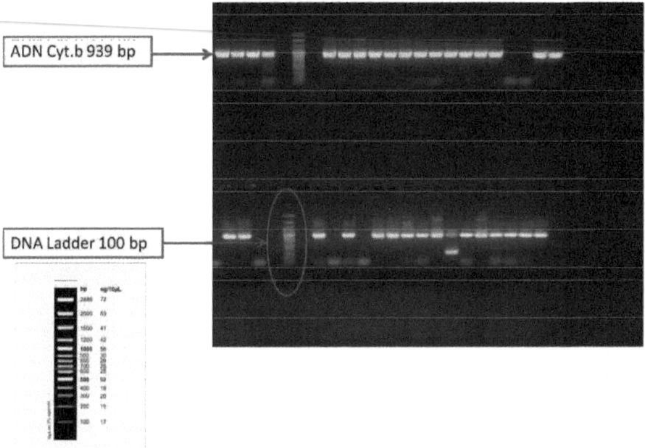

Figure 4: Gel d'agarose montrant les individus positifs (bande de taille 939bp) pour *Plasmodium* au sens large.

Après la PCR, le fragment amplifié doit être séquencé pour la confirmation du diagnostic. Ce séquençage permettra de déterminer les espèces de *Plasmodium* présentes dans les différents échantillons mais aussi les Co-infections à *Plasmodium*. On pourrait par exemple utiliser la méthode de séquençage haut débit 454 GS FLX - Titanium.

6.2 *Détermination du cortège plasmodial*

Les amplicons issus de la PCR1 de tous les échantillons positifs pour la présence de *Plasmodium* au sens large sont récupérés. Ils vont subir une autre PCR2. Cette nouvelle PCR2 va être effectuée avec un nouveau couple d'amorces.

6.2.1 *Choix du nouveau couple d'amorces*

Ce couple d'amorces doit posséder plusieurs caractéristiques :
- Permettre de discriminer les différentes espèces de *Plasmodium* présentes dans chacun des individus prélevés,

- Leur séquence devra contenir les deux SNP (3&4) permettant de différencier *Plasmodium falciparum* de Singe et d'Homme,
- Permettre l'amplification d'un fragment d'ADN d'une taille maximale de 350bp

Le couple d'amorces répondant à ces différents critères en considérant le fragment obtenu lors de l'utilisation du couple d'amorces précédant (PCR1) est la suivante :

454F: TWA ATT AYC CAT GYC CAT TRA A
454R: CCW GTW GCY TGC ATY TAT CT

6.2.2   *Séquençage 454 (GS FLX, TITANIUM)*

Le séquençage est une méthode qui nous permet de connaître la succession de nucléotides d'un ADN en vue de l'associer à une espèce d'être vivant donnée.

Dans ce travail, nous utilisé la technique de séquençage 454, une technique qui permet de séquencer un grand nombre de bases en peu de temps en combinant la PCR en émulsion et le pyroséquençage. Elle se déroule en trois étapes :

- Préparation de la librairie d'ADN
- Réaction en chaîne polymérase en émulsion
- Obtention de la séquence nucléotidique

Le fragment d'ADN est intégré dans une construction (Figure 5) qui permettra l'identification finale de chaque individu.

a. *Construction Complexe Amorces autour du fragment à Séquencer*

Figure 5 : Adaptateur A (26bp), Clé (TCAG), Tag (7bp), Amorce F (22bp), Amorce R (20bp), Séquence d'ADN (201bp), Adaptateur B (26bp)

Le total de la construction donne une séquence de 317 paires de bases. Ce qui permet de différencier chaque individu est l'étiquette « **TAG** ». Les différents TAG sont associés afin d'avoir différentes combinaisons : soit par exemple pour 36 tags Forward et 24 tags Reverse on obtient 864 combinaisons possibles.

L'amplification des fragments d'ADN est réalisée et les produits positifs pour la présence de *Plasmodium* sur gel d'agarose 1.5% sont purifiés et séquencés.

Avant de passer à l'étape du séquençage, le produit PCR issus de l'amplification par le nouveau couple d'amorces va subir une étape de purification et de dosage de l'ADN.

b. *Purification et dosage des produits PCR*

Les produits PCR ainsi obtenus peuvent alors être purifiés en utilisant le robot BioMeck3000 à l'aide du kit Clean PCR (protocole automatisé en Annexe 2).

La purification des produits PCR se fait en six étapes comme le montre la Figure 6:

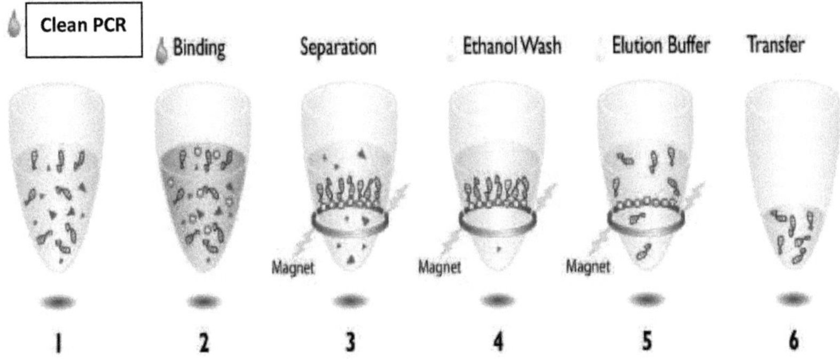

Figure 6: Protocole de purification d'ADN

Après leur purification, les échantillons sont dosés au Quant-iT PicoGreen et leur concentration en molécules/µl est calculée en utilisant la formule suivante :

$$\text{Molecules/µl} = \frac{\text{sample conc [ng/}\mu\text{l]} \times 6.022 \times 10^{23}}{656.6 \times 10^9 \times \text{amplicon length}}$$

Tous les produits sont ramenés à concentration équimolaire en diluant chaque amplicon séparément afin d'obtenir au final une concentration de 1 x 10^9 molécules dans la solution, en utilisant la formule ci-dessous.

$$\left(\frac{\text{Molecules/}\mu\text{l (from step}}{10^{-9}} - 1 \right) \mu\text{l}$$

Les échantillons sont ensuite poolés (mélangés dans un même tube), nous avons ainsi réalisé 4 pools de 650 individus chacun pour le séquençage.

c. <u>*Analyse des Séquences d'ADN*</u>

Après l'obtention des séquences issues du séquençage 454, les séquences d'ADN obtenues sont triées et associées à chaque individu en fonction de leurs tags. Pour ce faire, les logiciels Bioedit et Geneious pourront être utilisés. Les séquences d'ADN sont ensuite alignées avec des séquences de références correspondant aux séquences de différentes espèces plasmodiales faisant l'objet de l'étude (*P. falciparum, P. malariae, P. ovale, P. vivax*) (Tableau 1). Seules les séquences présentant un fort pourcentage d'identité avec la séquence de référence sont sélectionnées. Pour la suite de l'analyse les échantillons présentant une concentration inférieure ou égale à 2ng/µl et ceux ayant un pourcentage de séquences de *Plasmodium sp.* identiques à la séquence de référence inférieur ou égal à 5% sont éliminées de la base de données.

	P. falciparum	P. malariae	P. ovale	P. vivax
Reference Name	PfalciparumACBS01001974	PmalariaeAB489194	PovalecurtisiHQ712052	GAP1F-5PvivaxGorilleCDP
	PfalciparumAJ298775	PmalariaeAB354570	PovalecurtisiAB354571	GAP2F-1PvivaxChimpanzeCDP
	PfalciparumAY282924	PmalariaeDRCJGQ355486	PovalewallikeriHQ712053	GAPAB6PvivaxBerrymodifie
	PfalciparumAY282947	Pmalariae-PttHM235345	PovalewallikeriKC175307	GAPG4N5Pvivax
	PfalciparumAY282957	PspPttKC175321		GAPPvivaxisoKcloneLigBp1modifie
	PfalciparumGQ355472	PspPttKC175322		
	PfalciparumGQ355473	PvivaxAY598060		
	PfalciparumGQ355474	PvivaxAY598119		
	PfalciparumKC175310	PvivaxY17721		
	PfalciparumKC175311	PvivaxAmouchetiAJX444726		
	PfalciparumKC175312	PvivaxAmouchetiBJX444724		
	PfalciparumKC175313	PvivaxAmouchetiCJX444725		
	PfalciparumKC175314	PvivaxBprimeJX444723		
	PfalciparumKC175315	PvivaxBumbiJX444722		
	PfalciparumKC175316	PvivaxColaJX444719		
	Pfalciparum3D7AY282930	PvivaxEuropeantravelerJX444721		
		PvivaxKarlaJX444720		
		PvivaxSal-1NC007243		
		Pvivax-likechimpanzeeGQ355481		
		Pvivax-likeGggHM235311		
		Pvivax-likeGggKC175317		

Tableau 1 : Séquences de références correspondant aux séquences de différentes espèces plasmodiales étudiées au cours de nos travaux
(P. falciparum, P. malariae, P. ovale, P. vivax)

EPIDEMIOLOGIE

1. <u>LE PALUDISME DANS LE MONDE</u>

Avec une incidence annuelle de 219 millions de cas et environ 627.000 décès par an, le paludisme fait partie des causes majeures de mortalité due à une pathologie infectieuse (OMS 2013). L'espèce de *Plasmodium* la plus virulente, à l'origine des formes graves de la maladie et responsable de la quasi-totalité de la mortalité est *P. falciparum*. La majorité des décès dus au paludisme survient dans 90% des cas en Afrique sub-saharienne et concerne essentiellement les enfants de moins de cinq ans et les femmes enceintes (Figure 7).

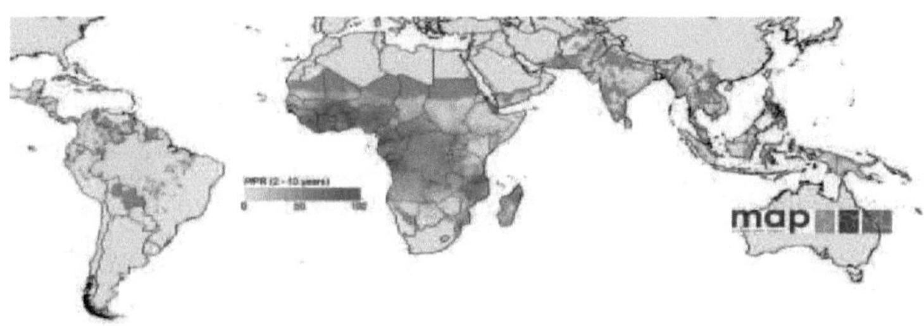

Figure 7: Le paludisme dans le monde (Hay et al. 2009)

Selon le rapport de l'OMS 2012, on note un effort d'élimination de la maladie à partir des zones frontières de l'aire de répartition de la maladie (Figure 8).

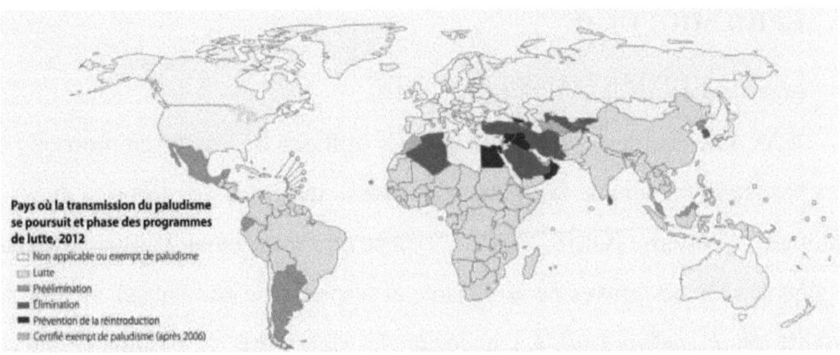

Figure 8: carte représentant la transmission du paludisme avec les différentes phases d'élimination (WHO 2012)

2. LE PALUDISME EN AFRIQUE

Selon le rapport de l'organisation mondiale de la santé en 2003, un enfant mourrait du paludisme toutes les 30 secondes en Afrique et on notait environ plus d'un million de décès par an. La maladie touche le plus souvent les enfants de moins de cinq ans et les femmes enceintes des pays situés au Sud du Sahara. En Afrique Orientale et Australe, dans la première moitié des années 1990, le tiers des consultations des enfants dans les dispensaires concernait des cas de paludisme. Ce chiffre était en nette augmentation par rapport aux années 1980. Face à cette augmentation du nombre de victimes de la maladie, il s'est tenu en 2002 au Nigéria (Abuja) un sommet ayant pour but d'harmoniser les méthodes de prévention en vue de faire reculer le paludisme. La moustiquaire imprégnée d'insecticide a été identifiée comme le moyen le plus efficace pour réduire la mortalité chez les jeunes enfants. C'est le moyen de prévention le plus utilisé en Afrique, compte tenu de son prix considérablement bas pourtant toujours élevé pour les plus pauvres (chronique ONU, 2004). Entre 2001 et 2010 les programmes de lutte contre le paludisme et les financements mis en œuvre ont permis d'éviter 1.1 million de décès et de sauver 58% des personnes vivant dans les pays où la charge de la morbidité est la plus élevée. Bien qu'étant considérablement en baisse le nombre de cas de paludisme en Afrique est estimé à 174000, dont 98% des cas sont causés par le *Plasmodium falciparum* (OMS, 2012). Selon le rapport de l'OMS en 2012 le nombre de décès dû au paludisme en Afrique est estimé à 596000 dont 91% concerne les enfants de moins de cinq ans.

3. LE PALUDISME AU GABON

Le rapport de l'organisation mondiale pour la santé en 2013, montre qu'au Gabon 80 à 100% des cas de paludisme sont dus à *Plasmodium falciparum* et concerne tout le territoire. Les études menées en 2010 par B. Piel et son équipe, ont montré que le Gabon est une zone hyper-endémique pour la transmission du paludisme (Piel FB. et al., 2010). En raison de sa pérennité, les guérisseurs traditionnels utilisent plusieurs plantes pour traiter les symptômes de la maladie à travers le pays. Pendant une enquête ethnobotanique dans la province du Haut-Ogoouée, 34 plantes ont été sélectionnées en fonction de leur utilisation fréquente par guérisseurs traditionnels pour le traitement des symptômes du paludisme (Ondo JP. et al., 2012). Lekana-Douki et ses collaborateurs en 2011, après avoir examinés neuf plantes, en ont sélectionné quatre présentant une activité antipaludique élevée et une faible toxicité (Lekana-Douki et al. 2011).

En 2003, le Programme national de lutte contre le paludisme a adopté la stratégie de l'ACT pour traiter le paludisme simple, au lieu de CQ (Chloroquine) et d'autres monothérapies, conformément aux recommandations de l'OMS. Les actes les plus largement utilisées au Gabon sont artéméther-luméfantrine (AL) et l'artésunate-méfloquine (AM) (Rafika Zatra et al., 2012). Par la suite, la prévalence du paludisme chez les enfants fébriles passée de 30% à 13% entre 2004 et 2008, et l'âge moyen des enfants atteints de paludisme passé de 24 à 41 mois au plus grand hôpital du pays, le Centre Hospitalier de Libreville (CHL) (Nsimba B. et al., 2008 ; Bouyou-Akotet MK. et al., 2009).

Selon le rapport de l'organisation mondiale de la santé en 2012, le Gabon fait partie des pays dans lesquels les procédures de lutte contre le paludisme sont mises en œuvre (Figure 8).

Compte tenu des différentes mesures de prise en charge et de prévention de maladie chez les enfants de moins de cinq ans, on observe une nouvelle population à risque: celle allant de cinq à onze ans. La prévalence du paludisme en 2011 était plus élevée à Oyem soit 44% comparativement à Libreville 24,1%. La province dans laquelle la prévalence est la plus faible est Port-Gentil avec 6,5% (Mawili-mboumba et al. 2013). Les études réalisées à Franceville (troisième ville du Gabon) par Lékana-Douki et al (2011), ont montrées que dans cette zone à forte transmission du paludisme, le poids du paludisme a baissé et que cette pathologie qu'en 2004 était le première motif de consultation est devenu le deuxième motif de consultation (Lekana-Douki JB et al., 2011). La baisse du poids du paludisme à Franceville pourrait s'expliquer par la mise en place des mesures de prévention telles que l'utilisation des moustiquaires imprégnées d'insecticide, la communication sur le paludisme et le suivi des informations par les populations. On note tout de même que des polymorphismes du *P. falciparum* associés à la résistance aux médicaments sont très répandus dans la région de Franceville, une région avec des niveaux élevés de *P. falciparum* résistant aux médicaments *in vitro* et une fréquence particulièrement élevée de DHA (Dihydroartémisinine) à sensibilité réduite (Rafika Zatra et al., 2012).

DEUXIEME PARTIE : PROTECTION NATURELLE CONTRE LE PALUDISME

La découverte de plasmodies dans les momies égyptiennes (Myller 1994) témoigne de l'existence du paludisme depuis 3000 ans avant Jésus-Christ. *Plasmodium falciparum* est le parasite responsable de la forme la plus grave du paludisme qui cause près d'un million de décès par an (Chen LY., 2014). La survie du genre humain n'est essentiellement due qu'à l'apparition au file du temps dans son organisme de moyens de défense suffisamment résistants à cette parasitose : c'est l'Adaptation. Allison et Haldane au cours de leur étude ont montré l'action de la sélection naturelle due à la malaria sur la résistance génétique. La résistance génétique au paludisme est associée à divers facteurs génétiques, y compris la variabilité érythrocytaire et la variabilité des gènes impliqués dans le processus de pathogenèse (Larina SN. et al., 2009).

1. <u>SELECTION NATURELLE MALARIQUE</u>

La sélection naturelle est un mécanisme qui permet de sélectionner les individus capables de survivre dans un environnement particulier. Le paludisme est une parasitose des régions tropicales. Haldane en 1949 a montré une superposition de la distribution du paludisme avec celle des maladies des globules rouges. Il émet l'hypothèse selon laquelle ces maladies des globules rouges seraient dues à la sélection naturelle qui permet l'augmentation et le maintien des individus porteurs de ces traits protecteurs contre le paludisme. Allison en 1954 confirme les résultats de Haldane et parle d'« Hypothèse Malarique ». Il démontre aussi que la mutation observée au niveau du gène de l'hémoglobine responsable de la drépanocytose est géographiquement limitée au continent africain. Les individus porteurs du trait drépanocytaire sont résistants au paludisme (Allison 1954). C'est un exemple d'adaptation des populations à une influence environnementale.

2. L'ADAPTATION AU PALUDISME

Le succès écologique d'une espèce dépend de sa capacité à faire face aux défis des nouveaux scénarios biotiques et abiotiques. Les forces évolutives telles que la sélection et la migration façonnent le processus d'adaptation et le génome de chaque espèce reflète ses modifications évolutives visibles dans ses séquences et son architecture (Diego Ayala et al., 2014) . L'adaptation des populations au paludisme dans les zones endémiques se caractérise par des maladies génétiques, le plus souvent des formes d'hémoglobinopathies. La résistance génétique au paludisme est associée à divers facteurs génétiques, y compris la variabilité érythrocytaire et la variabilité des gènes impliqués dans le processus de pathogenèse. Le facteur majeur de la pathogénèse dans le cas de la malaria est l'adhésion cellulaire (Larina SN et al., 2009) des cellules cibles. Un certain nombre de mécanismes sont probablement responsables de l'effet protecteur de diverses anomalies de globules rouges : la diminution de l'invasion, des troubles le développement intra-érythrocytaire des parasites et l'interaction entre les protéines exportées du parasite et le squelette de la membrane cellulaire des globules rouges (Mohandas N. et al., 2012).Ce qui conduit à une diminution de l'invasion des cellule rouges par le parasite car, ces cellules présentent des mutations au niveau des gènes codant pour les protéines de surfaces récepteurs des mérozoïtes (Mohandas N. et al., 2012).

2.1 Déficit en glucose-6-phosphate déshydrogénase (G6PD)

Le déficit en *G6PD* est une anémie hémolytique à transmission récessive liée au sexe. Il s'agit d'un trouble génétique observé dans la majorité des cas chez les personnes d'origines africaine, asiatique et méditerranéenne. Ce trouble se situe au niveau du gène codant pour la *G6PD*. Le Glucose-6-phosphate déshydrogénase est une enzyme cytoplasmique impliquée dans la voie métabolique des pentoses phosphate (Nick C. et al., 2011) et qui est essentiel dans la capacité des cellules rouges, cellules hôtes du *Plasmodium falciparum*, à résister contre le stress oxydant (Ruwende et al., 1998) par la production de glutathion réduit (Aldiouma G. et al., 2007) et le NADPH (Nick C. et al., 2011). La mutation responsable du défaut de synthèse de l'enzyme glucose-6-phosphate déshydrogénase est située au niveau du chromosome X et touche environ 400 millions de personnes dans le monde. *G6PD* est un gène très polymorphe avec environ 400 variant lui conférant différents niveaux d'activité enzymatique (Nick C. et al., 2011). Les symptômes sont plus présents chez les mâles car, ils ne possèdent qu'un seul chromosome X.

Le déficit en *G6PD* est l'enzymopathie la plus courante chez l'homme. Sa codistribution géographique avec l'endémicité de la malaria historique suggère que la fréquence de ce trouble a augmenté suite à la sélection naturelle par le paludisme (Ruwende et al., 1995). Cela a conduit à l'hypothèse selon laquelle, le paludisme aurait été la pression de sélection qui a favorisé le maintien de ce caractère potentiellement délétère. Il a été montré que les hommes hémizygotes peuvent être protégés contre le paludisme sévère (Nick C. et al., 2011).

Il existe environ 140 mutations responsables du déficit en G6PD déjà décrites (Cappellini MD et al., 2008)(Manganelli G et al., 2013). En Afrique Sub-saharienne, on enregistre trois variants polymorphiques sur le gène *G6PD* avec de fréquences inférieures à 1% (Abdoul K.O. et al., 2014) :

- Le type sauvage *G6PD*B*
- Le variant non-déficient *G6PD*A* : résultant d'une mutation ponctuelle, la substitution de la base azotée Adénine par la Guanine (A=>G : acine aminé Asparagine en Aspartate) au niveau de l'exon 5 au nucléotide 376

- Le variant déficient *G6PD*A-* : possède la même mutation que le *G6PD*A* associé à une autre mutation située sur l'exon 4 au nucléotide 202 où la Guanine est remplacée par l'Adénine (G202A).

- Il existe aussi d'autres variant déficients caractérisés par une mutation et associés à *G6PD*A* : A542T (exon 6), G680T (exon 7) et T968C (exon 9)

Les individus *G6PD*A-* sont le plus souvent asymptomatiques (Nick C. et al., 2011). Les études effectuées par Abdoul K.O. et al (2014) ont montré qu'il existe une association entre le déficit en *G6PD* et le paludisme asymptomatique dans les régions à forte transmission du paludisme.

En période de stress oxydatif, un déficit de l'enzyme glucose-6-phosphate déshydrogénase provoque une diminution du nombre de globules rouges par hémolyse (Figure 9). Lorsque les globules sont détruits trop rapidement et ne sont pas aussitôt remplacés, le signe clinique est une anémie hémolytique. C'est un genre d'anémie qui conduit à une pâleur, au jaunissement de la peau et du blanc des yeux (en période néonatale), l'urine sombre, la fatigue, l'essoufflement et un battement rapide du cœur. Les agents oxydant comme les infections virales et bactériennes ou l'ingestion d'antibiotiques et des antipaludiques sont les causes les plus fréquentes d'anémie hémolytique chez les personnes déficientes en *G6PD* (Nick C. et al., 2011).

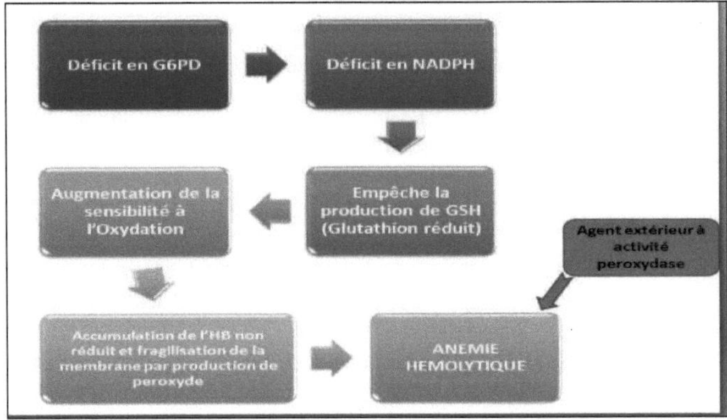

Figure 9: Pathogenèse du déficit en G6PD

2.1 *Ovalocytose*

C'est une maladie autosomale héréditaire des érythrocytes aussi appelée elliptocytose héréditaire. Une Ovalocytose se caractérise par une déformation en forme d'œufs des globules rouges dans le sang. Elle résulte d'une délétion de 27 paires de base au niveau du gène érythrocytaire Band III, SLC4A1Δ27 (Rosanas-Urgell A et al., 2012). La Membrane des globules rouges, une structure composite composée d'une bicouche lipidique liée à la spectrine (Protéine du cytosquelette des hématies) qui est responsable des caractéristiques uniques de la flexibilité et la stabilité mécanique de la cellule. Les défauts de protéines impliquées dans des interactions latérales de la spectrine du squelette conduit à une diminution de la stabilité mécanique, la fragmentation de la membrane et à l'elliptocytose héréditaire (Da Costa L. et al., 2013). Les globules rouges devenus allongés se retrouvent au niveau du sang périphérique. Le diagnostic sur la maladie peut être déterminé par cytologie des globules rouges, la cytométrie en flux, ektacytométrie, l'électrophorèse des protéines de membrane des globules rouges, et l'analyse des mutations du gène codant pour des protéines de membrane des globules rouges. La sévérité de la maladie dépend essentiellement de l'ampleur de la perte de membrane de surface (Da Costa L. et al., 2013).

La mutation du gène Band III confère au porteur une résistance au paludisme cérébral causé par *Plasmodium falciparum*. Des études effectuées par Rosanas-Urgell A et al. (2012) ont montrés que cette mutation permet de résister aussi contre la malaria due à *Plasmodium vivax*.

2.2*Protéine Duffy*

L'envahissement des cellules rouges par le mérozoïtes du *Plasmodium*, est un évènement essentiel dans le cycle de vie de tous les parasites responsables du paludisme. C'est un processus à plusieurs étapes dépendant de cascades d'interactions moléculaires spécifiques (Gaur et al. 2004). La protéine Duffy est une glycoprotéine située au niveau de la membrane des globules rouges. Plasmodium vivax infecte les érythrocytes humains à travers une voie importante qui nécessite une interaction entre une protéine située sur la partie apicale du parasite : P. vivax Duffy Binding Protéine (PvDBP) et son récepteur sur les réticulocytes, l'antigène Duffy / récepteur pour des chimiokines (DARC) (de Sousa TN. et al., 2014).

La présence de la protéine PvDBP une protéine d'environ 140kDa située sur l'extrémité apicale des organelles des mérozoïtes appelée le micronemes (Figure10) permet la formation d'une jonction irréversible avec l'Antigène Duffy récepteur des chimiokines ce qui conduit à l'invasion de hématies par le parasite (Taís Nóbrega de Sousa et al., 2014). Les cellules exprimant la région II riche en cystéine forment une rosette avec les cellules rouges Duffy-positives et non avec les érythrocytes Duffy-négatives. Cela, indique que ce domaine est responsable de l'interaction avec les érythrocytes par l'intermédiaire de la glycoprotéine Duffy (Chitnis CE et al., 1994).

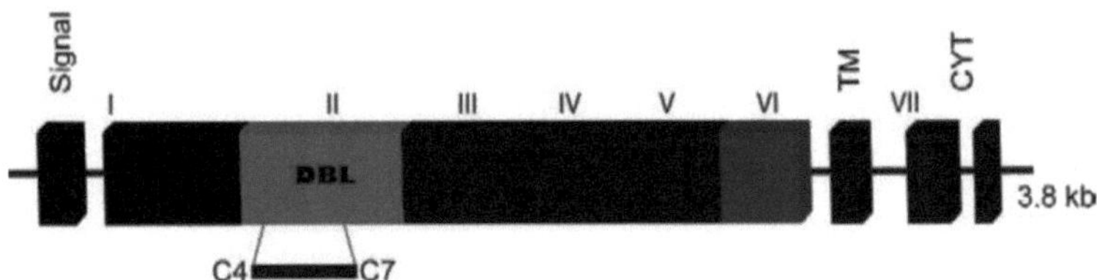

Figure 10 : Schéma de la structure du gène de la protéine de *Plasmodium vivax* se liant au récepteur Duffy (PvDBL). Les exons sont représentés sous forme de blocs et à l'échelle. Exon 1 code pour la séquence du peptide signal, l'exon 3 code pour le domaine transmembranaire et les exons 4 et 5 code pour le domaine cytoplasmique. L'Exon 2 code pour un large domaine protéique contenant six régions (en chiffres romains) défini par une séquence d'acides aminés spécifiques à Duffy servant de liant à d'autres protéines de liaison des espèces de Plasmodium. Sur les érythrocytes le domaine de liaison se situe en 5' une région riche en cystéine (région II) et des résidus de liaison cruciaux ont été cartographiés à une portion de 170 acides aminés entre cystéines 4-7. (Taís Nóbrega de Sousa et al., 2014)

P.vivax est le parasite responsable du paludisme majoritairement en Asie et en Amérique du sud. La présence de l'antigène DARC (*Duffy antigen receptor for chemokines*) au niveau des membranes des érythrocytes est importante pour l'invasion de P. vivax dans ces cellules. Il existe deux allèles DARC communs chez les Caucasiens, FY * A et FY * B, qui diffèrent par une seule substitution de base (125 G> A) entraînant le remplacement au niveau du résidu d'acide aminé en position 42, d'une glycine (antigène Fy) par un acide aspartique (antigène Fyb) dans le domaine extracellulaire (Souza-Silva FA. et al., 2014).

Les études expérimentales et épidémiologiques menées sur ce parasite ont montré qu'il n'infectait pas les personnes non porteuses de la protéine Duffy (DARC-négatif) sur la surface membranaire de leurs globules rouges (Welch SG et al., 1977) (Mathews HM et al., 1981). Ces personnes majoritairement d'origine africaine, seraient résistantes à l'infection des érythrocytes due à *Plasmodium vivax* (Menard et al., 2010).L'absence de DARC sur les érythrocytes confère donc à ces dernières une protection contre le paludisme dû à *P. vivax,* ce parasite a été longtemps suspecté comme l'agent qui sélectionnerait cette mutation (Liu W. et al. 2014). Les populations africaines sont majoritairement Duffy-négatives raison pour laquelle les données épidémiologiques ne montrent pas chez elles une prévalence élevée du paludisme dû au *P.vivax* (Guerra et al. 2010). En effet chez les individus Duffy-négatif, il existe un SNP (-33T => C) au niveau du site de fixation du facteur de transcription GAGA-1 situé au niveau du promoteur du gène qui gouverne son expression sur les érythrocytes. Il existe trois variants antigéniques associés au SNP de cette région Fy^a, Fy^B, Fy^{bweak} (Menard et al., 2010). La caractérisation effectué par Tournamille et al (1995) a montré que chez les individus noirs Duffy-négatif, DARC est composé d'un seul exon et comporte une mutation silencieuse FY*B avec une substitution de l'allèle T par C au niveau du nucléotide 46. Ceci perturbe l'activité du promoteur dans les cellules érythrocytaires (Tournamille C.et al., 1995).

Cependant, une étude réalisée en 2010 par Ménard et al a observé la présence de *P.vivax* dans les globules rouges des populations malgaches Duffy-négatif. Cela démontre que la présence de la protéine Duffy à la surface des hématies n'est plus une condition pour l'invasion de globules rouge par P.vivax. Il existerait donc un autre mécanisme encore inconnu qui contribuerait à l'infection des hématies par *P.vivax* (Ménard et al. 2010) (Menard et al. 2013).

Bien que la plupart des individus dépourvus de DARC (DARC-négatif) sur leurs globules rouges soit naturellement résistantes à *P. vivax* (Miller L. et al, 1976). Dans les zones endémiques au paludisme à *P. vivax*, ils peuvent être touchés par certaines infections (Cavasini CE et al., 2007) ; Menard 2010). En plus d'être des récepteurs pour *P. vivax* et diverses chimiokines (Horuk R. et al., 1993), les protéines DARC ont une importance clinique et biologique et il a été montré qu'ils sont associés à l'incompatibilité de la transfusion et à la maladie hémolytique du nouveau-né (Badaker SS. et al., 1970) ; Moise KJ. et al., 2000) . Elle est également impliqué dans plusieurs maladies inflammatoires et le cancer, et pourrait jouer un rôle dans l'infection à VIH et du SIDA (Walton RT. et al.,

2000) ; Smolarek et al .,2010). Récemment, une fonction précédemment non déclarée de ce récepteur a été décrite dans l'infection à *P. falciparum*, dans laquelle les protéines DARC semblent essentielles dans destruction de *P. falciparum* par les plaquettes (McMorran BJ. et al., 2012).

2.3 *Les Hémoglobinopathies*

Les hémoglobinopathies sont des maladies héréditaires du sang causées par une

anomalie de la structure et de la synthèse de la chaine de la globine (Dolai et al. 2012) de la protéine d'hémoglobine causant des difficultés dans le transport de l'oxygène dans l'organisme.

Il existe deux sortes d'hémoglobinopathies selon qu'il s'agisse d'une anomalie qualitative ou quantitative de l'hémoglobine :

- **Les thalassémies**
- **La drépanocytose**

2.3.1 *Thalassémie*

La thalassémie est une forme d'anémie héréditaire associée à une hémoglobinopathie. Elle est due à une déficience dans la synthèse d'une ou de plusieurs des quatre chaines de l'hémoglobine. Il existe deux formes de thalassémie : alpha-thalassémie et béta-thalassémie. L'alpha-thalassémie est une forme rare de cette maladie par conséquent lorsqu'on parle de thalassémie on parle généralement de béta-thalassémie.

La béta-thalassémie encore appelé maladie de Cooley dans sa forme la plus sévère est une maladie caractérisée par une production en quantité insuffisante ou nulle des chaines béta de l'hémoglobine des globules rouges. On note une production insuffisante de l'hémoglobine globale. Ainsi, une personne atteinte de béta-thalassémie peut, soit produire des chaînes bêta en quantité réduite, soit n'en produire aucune ; ce qui donnera des symptômes beaucoup plus sévères et précoces. Selon le niveau d'altération des gènes des chaînes de béta globine on distingue trois niveaux de la maladie :

- *Béta-thalassémie majeure ou anémie de Cooley* : les deux gènes bêta sont altérés, la production d'hémoglobine normale est très insuffisante voire nulle, ce qui se traduit par des symptômes sévères.

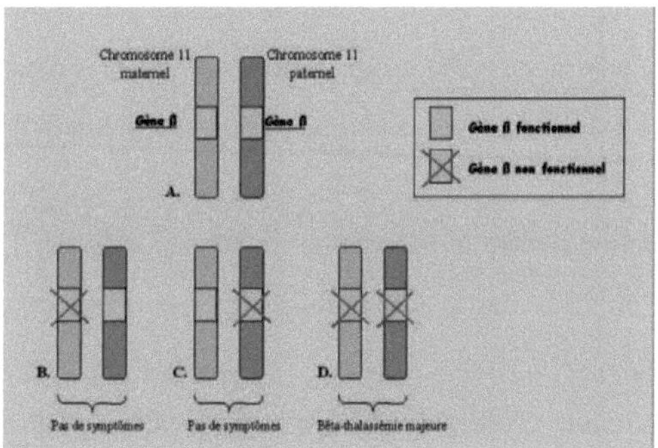

Figure 11 : Les gènes beta commandant la production des chaines béta de l'hémoglobine. Chaque personne a deux gènes beta provenant l'un du père et l'autre de la mère (www.orpha.net/data/patho/Pub/fr/BetaThalassemie-FRfrPub51.pdf)

- *Béta-thalassémie intermédiaire* : les deux gènes bêta sont altérés, permettant tout de même la fabrication d'hémoglobine mais en quantité réduite. Les symptômes sont donc beaucoup moins importants que dans l'anémie de Cooley.

- *Béta-thalassémie mineure* : due à la mutation d'un seul des deux gènes bêta. En général, cette forme n'a pas de conséquence sur la santé, puisque l'autre gène est capable de compenser l'anomalie et de fabriquer suffisamment de chaîne bêta pour produire un taux d'hémoglobine normal ou proche de la normale.

2.3.1.2 *Alpha-thalassémie*

Il s'agit d'un déficit de chaîne de globine alpha de l'hémoglobine. Alpha thalassémie fait partie des anomalies de l'hémoglobine permettant une résistance innée à l'infection paludéenne (Ronald L. et al 2002). Une étude réalisée par Flint J. et al en 1986 en Mélanésie par l'analyse de l'ADN en vue de diagnostiquer l'alpha thalassémie, a montré que les fréquences de distribution de cette hémoglobinopathie est le résultat d'une sélection naturelle par le paludisme. Ils notent en effet, une corrélation de la distribution de l'alpha-thalassémie et l'existence d'une endémie palustre dépendant de l'altitude et de la latitude.

La protection contre le paludisme grave apportée par l'alpha thalassémie serait conférée en partie par la susceptibilité accrue à l'infection par *Plasmodium vivax* surtout chez les jeunes enfants. Cette infection non létale par *P.vivax* permet une immunité croisée avec l'alpha-thalassémie contre les formes grave de paludisme dues à *P. falciparum* (Clegg JB.et al 1999)(Pattanapanyasat K. et al 1999). Une étude épidémiologique réalisée dans le sud-est du pacifique au Vanuatu corrobore cette hypothèse (Williams TN et al 1996).

D'autre part, plusieurs études in vitro ont montré une inhibition de la croissance de *P.falciparum* dans les hématies α-thlassémique (Brockelman CR et al 1987) (Pattanapanyasat K. et al 1999)(Ifediba TC et al 1985)(Yuthavong Y et al 1988).

2.3.2 *La drépanocytose*

La protection contre la malaria conférée par la mutation au niveau du gène de l'hémoglobine, n'est pas effective chez les homozygotes qui sont vulnérables à la malaria. L'effet protecteur n'est conféré que par l'hétérozygotie qui permet d'éviter les formes sévères de paludisme. En effet, les hétérozygotes présentent une mixture de l'hémoglobine normale et l'hémoglobine relativement insoluble. Les hétérozygotes ayant une forte proportion d'hémoglobine drépanocytaire présentent des globules rouges déformés dans la circulation sanguine caractérisée par une anémie hémolytique.

TROISIEME PARTIE : LA DREPANOCYTOSE

GENERALITES

1. <u>DEFINITION</u>

La drépanocytose est une hémoglobinopathie congénitale causée par une mutation ponctuelle codant pour une hémoglobine mutée héréditaire, notée hémoglobine S (Firth et al. 2011). Décrite pour la première fois par le docteur Herrick James en 1910 (Serjeant 2001), elle est caractérisée par la synthèse d'une hémoglobine anormale et d'une déformation des globules rouges du sang (Jastaniah 2011) (Kumar et al. 2012). On note chez l'adulte l'altération de la forme et de la consistance des globules rouges qui deviennent anormalement rigides (Figure 12). Ceux-ci bloquent les petits vaisseaux sanguins, occasionnant des très vives douleurs provoquant des complications qui peuvent entrainer des séquelles invalidantes et causer la mort. La maladie affecte les deux sexes et ne se manifeste dans sa forme grave que lorsque l'individu a hérité du gène de ses deux parents.

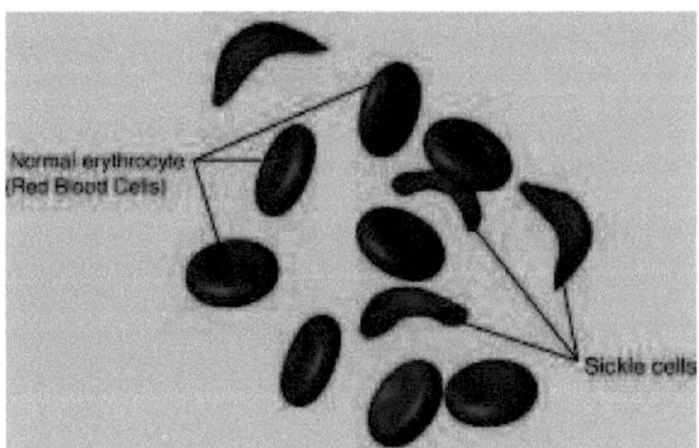

Figure 12: Formes du globule rouge dans les conditions normales et drépanocytaire. © National Human Genome Research Institute, DP

2. L'HEMOGLOBINE

3.1 Définition

Le mot hémoglobine est introduit pour la première fois par Hoppe-Seyler en 1862 pour désigner le pigment respiratoire des globules rouges. Elle se situe dans le hyaloplasme des érythrocytes. L'hémoglobine est donc une molécule du sang. Son rôle est de transporter l'oxygène des poumons jusqu'aux tissus de l'organisme.

C'est une protéine globulaire constituée par un repliement des structures en hélices α. Il s'agit d'un hétéro-tétramètre de 64500Da de poids moléculaire constitué de deux types de chaînes de globines de structure voisine, appelées α et β (Figure 13). Chacune de ces sous-unités α et β contient une molécule d'hème. Le nom de chaque molécule d'hémoglobine est déterminé par la chaîne de globine présente.

Au niveau de l'hémoglobine de l'espèce humaine, l'hémoglobine majoritaire chez l'adulte est l'hémoglobine A (HbA) représenté par quatre chaînes polypeptidiques de :

- deux chaînes alpha polypeptidiques de 141 acides aminés avec une arginine en position C-Terminal : noté chaine α chez l'adulte et ζ chez l'embryon
- deux chaînes beta polypeptidiques de 146 acides aminés se terminant par une histidine : noté chaine β chez l'adulte, γ chez le fœtus et ε chez l'embryon
- quatre molécules d'hème.

Il existe un équilibre entre la synthèse des différentes chaînes de globine et celle de l'hème.

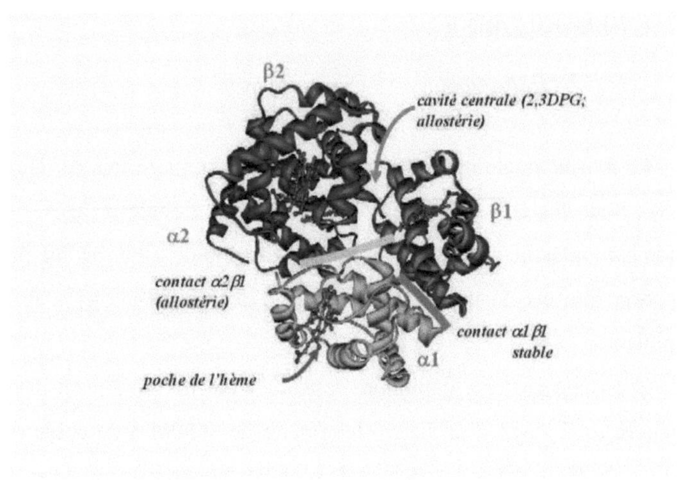

Figure 13: L'Hémoglobine (*Rolande Ducrocq 2006*)

3.2 <u>*Structure de l'hémoglobine*</u>

Une molécule d'hème est liée à chaque chaîne composant la molécule d'hémoglobine (Figure 14). Elle est constituée par une ferro-protoporphyrine. La protoporphyrine est formée de quatre cycles pyrroliques unis par l'intermédiaire de ponts méthényles. L'atome de fer situé au centre de la molécule d'hème est sous forme réduite (Fe++) aussi bien dans l'hémoglobine oxygénée (Oxyhémoglobine) que dans l'hémoglobine désoxygénée (Désoxyhémoglobine) (Figure 16).

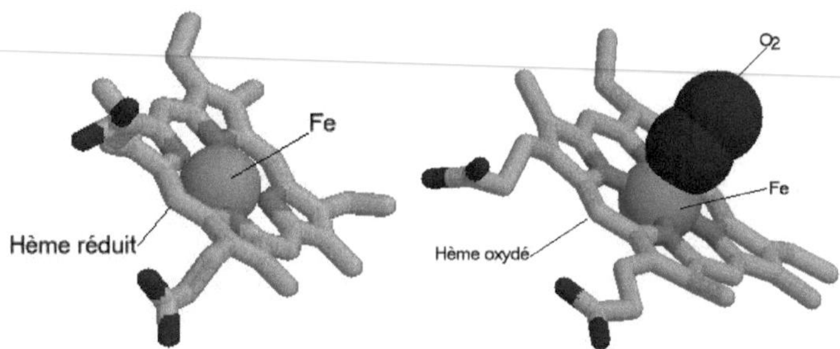

Figure 14: L'Hème sous les formes réduite et oxydée (http://acces.ens-lyon.fr/biotic/gpe/dossiers/drepanocytose/html/hbstr.htm)

Dans l'oxyhémoglobine l'atome de fer présente six liaisons: quatre interviennent dans la structure de l'hème, la cinquième amarre l'hème à la globine et la sixième fixe l'oxygène selon un modèle allostérique. La fixation de l'oxygène conduit à une modification de la configuration de la structure protéique de la molécule d'hémoglobine.

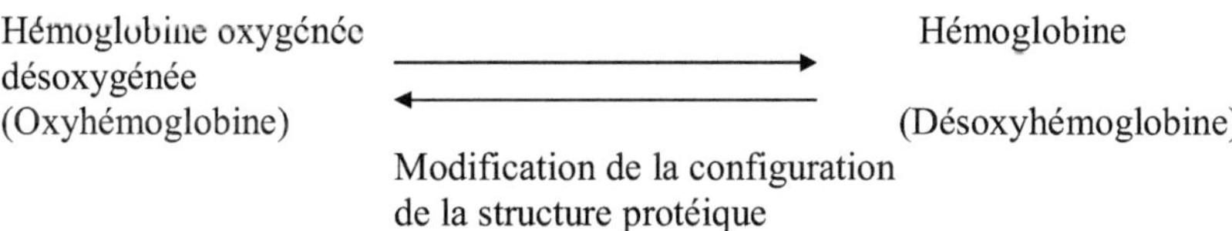

La structure tridimensionnelle de l'hémoglobine montre que chaque chaîne est composée de huit hélices repliées de façon identique, réalisant une structure globulaire compacte avec une poche hydrophobe contenant l'hème et tapissée par des chaînes latérales de résidus hydrophiles en contact avec le milieu aqueux.

L'hémoglobine est essentiellement sous forme de tétramères où les dimères sont disposés de façon à ce que la sous-unité α1 soit au contact très étroit avec la sous-unité β2 et α2 avec β1. Il n'existe qu'un très petit nombre de contact entre sous-unités identiques.

Les mouvements accompagnant la transconformation entre la structure oxygénée et désoxygénée s'effectuent essentiellement au niveau de l'aire de contact α1β2.

La molécule de 2,3-DPG stabilisant la structure désoxygénée se lie dans la cavité centrale entre les deux chaînes β.

3.3 Localisation génétique de l'hémoglobine

La synthèse de la chaîne alpha est contrôlée par des gènes situés sur le chromosome 16, tandis que la synthèse de la chaîne béta est sous le contrôle des gènes localisés au niveau du chromosome 11.

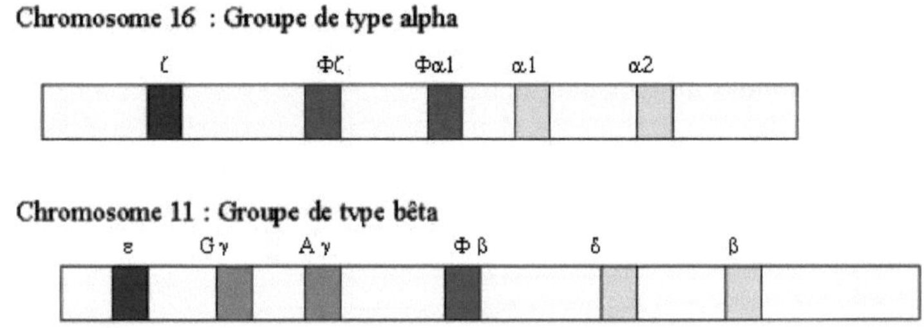

Figure 15: Localisation des gènes de l'hémoglobine. Les gènes embryonnaires sont représentés en bleu, les gènes fœtaux en vert, les gènes adultes en jaune et les pseudogènes en rouge. (http://acces.ens-lyon.fr/biotic/evolut/mecanismes/globines/html/synthese.htm)

3.4 *Synthèse des différentes chaines de globines au cours du développement*

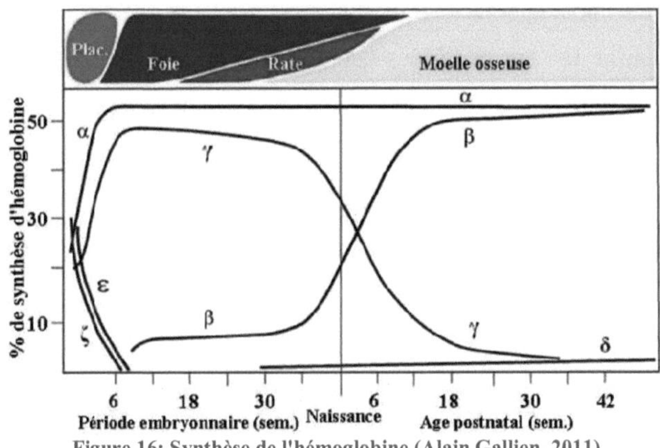

Figure 16: Synthèse de l'hémoglobine (Alain Gallien, 2011)

Chez un adulte sain on note la présence des deux types d'hémoglobines :

- L'hémoglobine A (HbA) : composée des chaînes α2β2 soit environ 95 à 98% de l'hémoglobine retrouvé chez l'adulte
- L'hémoglobine A2 (HbA2) : avec les chaînes α2δ2 soit environ 2 à 3%
- L'hémoglobine F(HbF) : α2γ2 sous forme de traces et pouvant atteindre 2% de l'hémoglobine de l'adulte.

3.5 *Les Variants de l'Hémoglobine*

Il existe plusieurs variants de l'hémoglobine dont les plus fréquents sont l'hémoglobine S, C, D et E. Ces variants apparaissent lorsque des mutations se produisent au niveau des gènes codant pour les différentes chaînes de globine :

- **l'hémoglobine S** : en position 6 de la chaine de béta globine on note la substitution de l'acide glutamique par la Valine. C'est le variant d'hémoglobine le plus fréquent que l'on retrouve dans les populations africaines surtout celles d'Afrique centrale ou les populations d'origine bantu.

- **l'hémoglobine C** : remplacement en position 6 de la chaîne de béta globine de l'acide glutamique par la lysine. C'est un variant que l'on retrouve en Afrique de l'Ouest. C'est l'hémoglobine type Bénin

- **l'hémoglobine D** : fait partie des hémoglobines les moins fréquentes dans le monde. On la retrouve dans les régions Nord de l'inde (Punjad), de Chine et du Pakistan. Elle résulte de la substitution de l'Acide Glutamique par la Glutamine en position 121 de la béta-globine.

- **l'hémoglobine E** : résulte du remplacement en position 26 de la chaîne de béta globine de l'acide glutamique par la lysine cette mutation crée au niveau du gène un nouveau d'épissage. C'est un variant que l'on retrouve dans les régions d'Asie du Sud-est (Cambodge, au Laos et en Thaïlande).

Alors que certaines des mutations responsables de ces variants hémoglobiniques n'ont aucune répercussion clinique d'autres mutations conduisent à des pathologies.

3. <u>LA MALADIE DE LA DREPANOCYTOSE</u>

4.1 *<u>Historique</u>*

Elle a été découverte pour la première fois en 1910 par le Docteur James Herrick en analysant le sang d'un étudiant jamaïcain en chirurgie dentaire. Par une méthode d'incubation, il détecte les cellules rouges anormales, cette malformation des globules rouges est irréversible (Serjeant 2001). Plusieurs facteurs peuvent expliquer cette déformation des cellules rouges notamment, l'anémie, la drépanocytose, le manque d'oxygène. Le doute s'installe car le diagnostic n'est pas évident. Plusieurs autres études ont été menées depuis lors afin de déterminer le type de maladie dont il s'agit.

4.2 *L'Hémoglobine et la drépanocytose*

Le locus impliqué dans cette maladie est celui de la β globine situé sur le chromosome 11. L'hémoglobine « S » est un variant structurale de l'hémoglobine normale chez l'adulte l'hémoglobine « A » (HbA).HbS résulte de la mutation ponctuelle (substitution A => T soit Acide Glutamique => Valine) au niveau du sixième codon du gène de la béta-globine (Ingram VM, 1959). On note certaines variations sur les séquences nucléotidiques des chaines de la β globines qui donnent lieu à différents haplotypes responsables de la drépanocytose qui dépendent non seulement de la variabilité génétique observée mais aussi de l'environnement. Les mutations autour et au sein du gène de la β globine donnent lieu à 5 haplotypes différents associés à la drépanocytose dont 4 haplotypes Africains : haplotypes Centre Afrique (Bantu), Benin, Cameroun et Sénégal et l'haplotype Arabo-Indien (Figure 17). Les noms des différents haplotypes ont été donnés à partir des épicentres dans lequel ils ont été décrits pour la première fois.

Figure 17: Haplotypes responsables de la drépanocytose (Abram Gabriel M.D. et al, 2010)

4.3 *Les différents foyers de la drépanocytose*

Les mutations génétiques responsables de la drépanocytose donnent lieu à 5 configurations génétiques particulières ou haplotypes. Ces haplotypes représentent des épicentres pouvant être considérés comme des sites d'apparition de la drépanocytose. On admet aujourd'hui qu'il existe quatre foyers générateurs éventuels de la drépanocytose situés au niveau du Bénin, Afrique Centrale (Bantu), Cameroun et au niveau de la péninsule arabo-indienne (Figure 18). Du fait des migrations, le gène drépanocytaire se retrouve en Afrique du Nord dans le bassin méditerranéen et de ce bassin méditerranéen on note les migrations vers les Etats-Unis. Le transfert des esclaves a permis de disséminer le gène drépanocytaire aux Antilles et en Amérique.

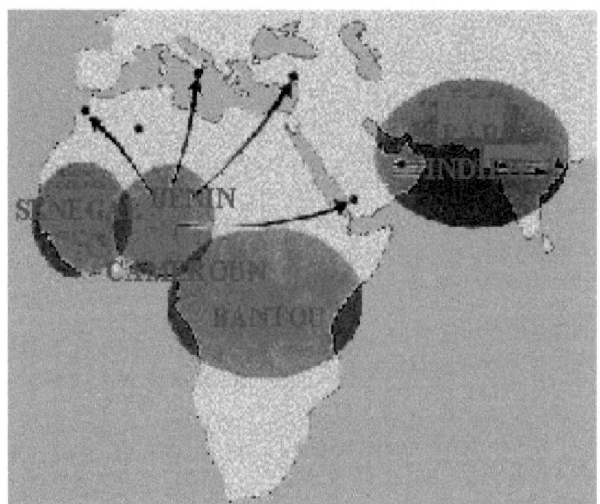

Figure 18: Différents épicentres de la drépanocytose (http://pedagogie.ac-guadeloupe.fr/sciences_vie_et_terre/drepanocytose_dossier_complet_sur_maladie)

4.4 *Génétique de la maladie*

La drépanocytose est une maladie autosomique récessive. C'est une maladie qui implique deux allèles : l'allèle normal « A » et l'allèle drépanocytaire « S » portés par le bras court du chromosome 11. Au niveau du gène la différence entre l'allèle normal et l'allèle drépanocytaire est la substitution de la base azotée adénine par la thymine au niveau du codon 6 du gène de la béta-globine (Ingram VM, 1959) (Figure 19).

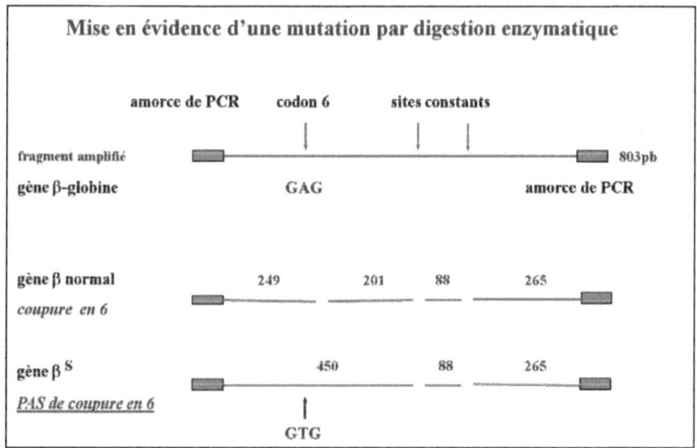

Figure 19 : Mise en évidence de la mutation responsable de l'apparition de l'hémoglobine « S »

Lorsque l'allèle drépanocytaire est transmis par les deux parents on parle d'homozygote. Lorsqu'il est transmis par l'un des deux parents, on parle d'hétérozygote. L'hétérozygote est le plus souvent asymptomatique (Bunn HF. et al., 1997) car l'allèle normal « A » présent permet la production de 50% de l'hémoglobine. On note ainsi une polymérisation minime de l'hémoglobine falciforme. C'est une transmission mendélienne (Figure 20).

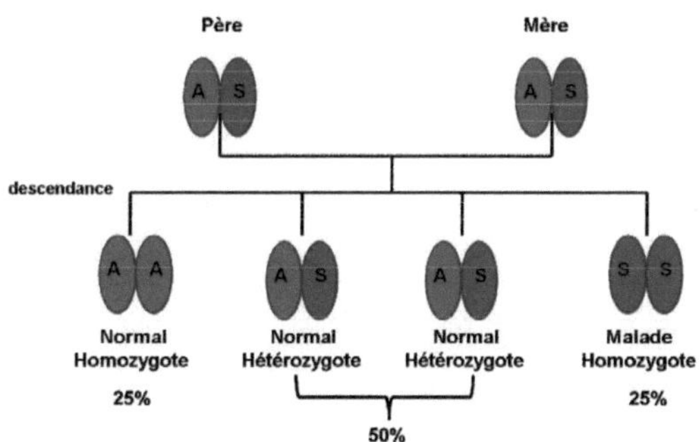

Figure 20: Transmission de la drépanocytose parents- enfants

Si les parents sont porteurs du trait responsable de la maladie, il y a une chance sur quatre qu'un de leurs enfants soit malade et une chance sur deux pour qu'un des enfants soit un porteur asymptomatique.

Les homozygotes pour l'hémoglobine « S » (HbSS) avec les deux chaines béta globine affectées développent la drépanocytose (Bunn HF et al., 1997).

4.5 *Physiopathologie de la drépanocytose*

L'hémoglobine anormale « S » est plus positivement chargée que l'hémoglobine normale « A ». Cette différence de charge est due à la substitution de l'acide aminé : acide glutamique par la valine au niveau du $6^{\text{ème}}$ codon du gène de la béta-globin de l'hémoglobine normale (Labie and Elion 2010). La substitution de cet acide glutamique par la valine va conduire à la formation d'une désoxyhémoglobine S qui va s'assembler avec d'autres molécules de désoxyhémoglobine S : c'est la polymérisation. Dans les conditions normales les globules rouges ont une forme biconcave. La polymérisation de l'hémoglobine S induira la déformation et la rigidification des globules rouges du sang contenant cette hémoglobine mutée et une obstruction des vaisseaux sanguins (Bunn HF. et al., 1997). La cinétique de falciformation des globules rouges est irréversible et dépend de plusieurs facteurs : la concentration de désoxyhémoglobine S, de pH du milieu, de la température et de l'état d'hydratation des cellules. Ces globules rouges deviennent de moins en moins souples lorsque le milieu est désoxygéné, conduisant ainsi à l'obstruction de la circulation sanguine au niveau des petits capillaires (Figure 21). Le résultat de cette engorgement de capillaires est la crise vaso-occlusive qui peut être chronique ou aigue ou causer un dysfonctionnement des organes et endommager les tissus, et le résultat est une

grande morbidité et mortalité chez les individus porteurs (Bunn HF. et al.,
1997).

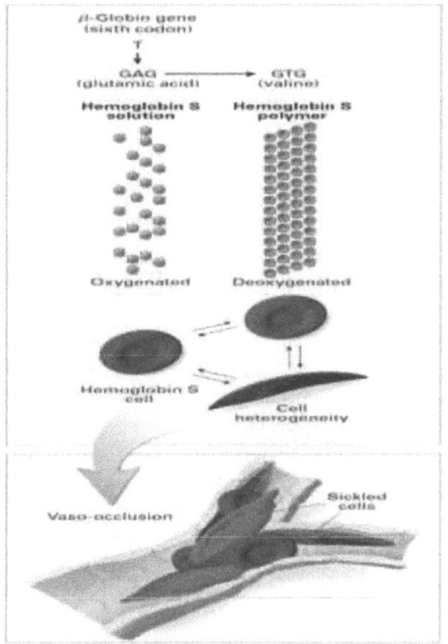

Steinberg M.H., N Engl J Med
1999; 340: 1021-1030

Figure 21: Physiopathologie de la Drépanocytose

Au regard de ce qui précède, il semblerait que le globule rouge soit la
seule cellule sanguine impliquée dans la maladie drépanocytaire, ce qui n'est pas
le cas même s'il est l'effecteur terminal. Il y a plusieurs autres cellules sanguines
qui sont impliquées (Figure 22). Il y a aussi le phénomène d'hémolyse qui joue
un rôle important car il conduit à une déficience en oxyde nitrique (Monoxyde
d'azote) et une instabilité vasculaire. On note une déshydratation des globules
rouges ainsi que la diminution de leur adhérence aux cellules endothéliales
(Wiles and Howard 2009).

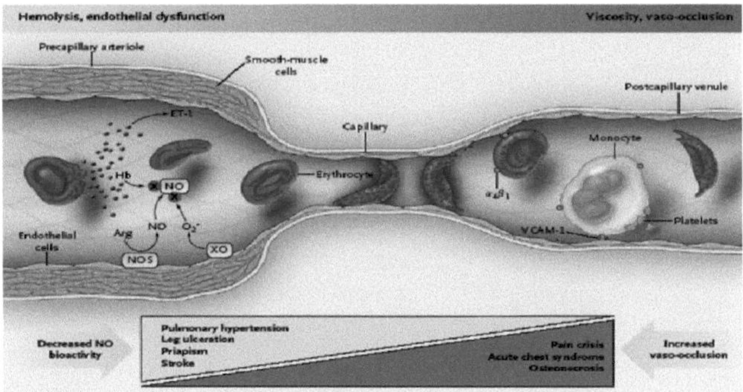

Figure 22: Mécanisme probable des différents éléments cellulaires impliqués dans l'apparition des signes cliniques chez un drépanocytaire (*Atz AM et al anesthesiology 1997; Chang WL J Inestig Med. 2008)*

4.6 Expression clinique de la maladie

L'expression clinique de la maladie drépanocytaire diffère d'un individu à l'autre même si l'on fait partie d'une même famille et n'est visible qu'à partir de l'âge de 3 mois. La variabilité de ces signes cliniques est fonction de plusieurs facteurs tels que le niveau de concentration d'hémoglobine fœtale dans le sang, la coexistence de l'hémoglobine mutée avec le trait α-thalassémie qui contribuerait à la réduction de la sévérité de la maladie (Clegg et al, 1999 ; Sarnaik SA et al, 2001) bien que son effet sur l'augmentation de l'espérance de vie n'a pas encore été démontré et du type d'haplotype d'hémoglobine (Bénin, Bantu…) responsable de la maladie (Diallo and Tchernia 2002). L'haplotype Sénégal présente une sévérité plus faible quant à l'expression de la maladie que les autres haplotypes (Diop S. et al, 1999).

Il y a plusieurs signes nous alertant sur la maladie drépanocytaire :

- **Les crises vaso-occlusives** caractérisées par des douleurs (Darbari et al. 2012), c'est le symptôme le plus fréquent chez les personnes drépanocytaires . Ces crises sont dues soit à une déshydratation, au stress, à une exposition prolongée au froid et un effort physique intense. Les symptômes varient en fonction de l'organe atteint qui peut être une douleur osseuse intense ou abdominale.

- **Anémie hémolytique** due à la destruction de cellules rouges falciformes ce qui fait baisser le taux de globules rouges circulant.
- **Infections bactériennes** qui peuvent être graves notamment les infections aux pneumocoques observées surtout chez les enfants.
- Aplasie passagère des globules rouges
- Ulcération des jambes
- Priapisme
- Manifestations cardiovasculaires
- Syndrome des pieds et des mains
- Séquestration pulmonaire
- Syndrome de poitrine aigu
- Anomalie rénale

EPIDEMIOLOGIE DE LA DREPANOCYTOSE

1. <u>LA DREPANOCYTOSE DANS LE MONDE</u>

Rare dans les régions tempérées, le gène est très fréquent dans certaines parties du monde correspondant aux régions tropicales et forestières comme l'Asie et l'Afrique d'où il s'est répandu au cours des siècles par voie de migration. L'Inde, l'Afrique, les Antilles, le Moyen-Orient, le Sud des Etats-Unis et le Brésil sont aujourd'hui les épicentres de la drépanocytose (Figure 23). En nous intéressant seulement à la présence du trait drépanocytaire (l'hémoglobine S) on note la répartition mondiale suivante (Piel et al. 2010).

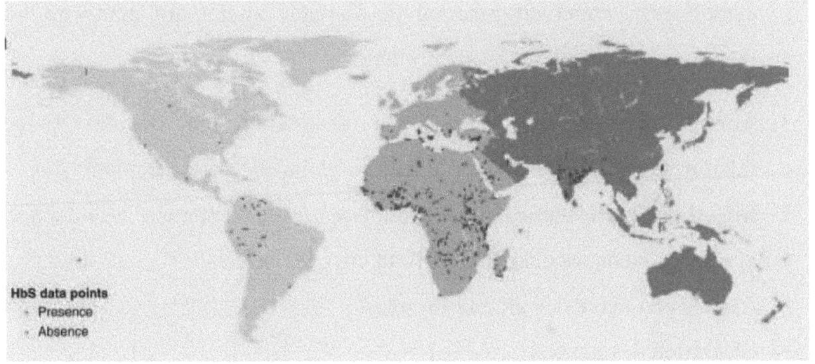

Figure 23: **Répartition des points de données. Les points rouges représentent la présence et les points bleus de l'absence du gène HbS. (Weatherall and Clegg 2001) (F. Piel et al 2010).**

2. <u>LA DREPANOCYTOSE EN AFRIQUE</u>

Les populations les plus touchées sont celles vivant en Afrique Sub-saharienne (Figure 24). Affectant plus de 200.000 personnes par an (Diallo and Tchernia 2002) en Afrique, cette maladie porte un nom spécifique qui évoque des épisodes de douleurs aigues ou la mort en référence aux enfants destinés à mourir et à renaître en un (e) autre frère ou sœur (Diallo and Tchernia 2002). Dans ces pays très traditionalistes, la culpabilité est une composante psychologique essentielle. En effet le drépanocytaire a le sentiment de payer une faute, de constituer un fardeau et de gâcher la vie des siens ; ses frères eux, ont des sentiments mitigés entre pitié et ressentiment, amour et rejet ; et les parents eux, surtout les mères qui sont le plus souvent rendues responsables de la maladie de l'enfant. Ces dernières sont le plus souvent mises en isolement et assument seules les charges psychologiques, matérielles et les soins des malades. Il est important que les parents connaissent bien l'environnement extérieur du malade afin de pouvoir éviter les interprétations erronées de sa maladie qui causeront en plus de tensions insupportables pour le malade. A ce sujet certains villageois et les tradithérapeutes donnent leurs explications en plus de celles données par les médecins. Elles sont le plus souvent contradictoires et mettant en danger la santé du malade notamment dans le cadre par exemple du comportement à adopter par un drépanocytaire. Les interdits traditionnels s'ajoutent à ceux de l'hôpital : ne pas courir, ne pas s'exposer aux infections, ne pas se marier avec n'importe qui, ne pas avoir d'enfants (ou alors attention…).

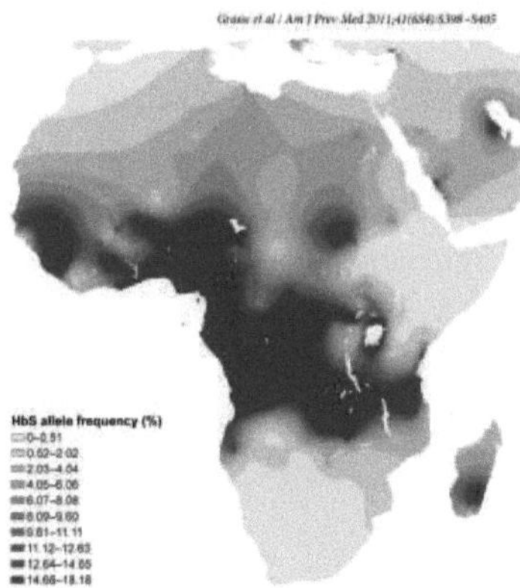

Figure 24: fréquence de l'allèle de l'hémoglobine S en Afrique

3. DIAGNOSTIC

3.1 Traitement des échantillons

Sur le terrain les prélèvements sanguins se font au niveau du pli du coude.

- Le sang est recueillit sur tube EDTA (chélateur des ions divalents, cofacteur des nucléases).
- Pour faciliter l'extraction de l'ADN, un culot de cellules nucléées est isolé du sang total ; c'est la phase le plus souvent utilisée dans le cadre de ce travail, est la phase érythrocytaire (le culot sanguin) c'est-à-dire la phase contenant les globules rouges qui sont riches en hémoglobine.

3.2 Dépistage de la drépanocytose

Il existe plusieurs méthodes de dépistage de la drépanocytose :

- Electrophorèse de l'hémoglobine sur acétate de cellulose à pH alcalin (pH 8.6)

- Test de précipitation en milieu réduit (test d'Itano ou test de solubilité)

- Isoélectrofocalisation (IEF)

- Chromatographie liquide de haute performance – CLHP

Et des techniques plus rarement utilisées

- Techniques de biologie moléculaire

- Chromatographie des chaînes de globine en phase réverse

- Electrophorèse en citrate-agar à pH acide (pH 6)

- Electrophorèse Capillaire

La méthodologie utilisée au CIRMF pour le dépistage de la drépanocytose est basée sur l'exécution de deux techniques essentielles : l'Isoélectrofocalisation (IEF) et la Chromatographie Liquide à Haute Performance (CHLP ou HPLC).

3.2.1   *Isoélectrofocalisation (IEF)*

Pour le dépistage de la drépanocytose, la technique de première intention utilisée est la focalisation isoélectrique (IEF). En effet cette méthode a une très bonne spécificité de résolution pour un coût relativement modeste. 90% des résultats peuvent être rendus après la seule IEF. Pour les 10% restants, il faut utiliser d'autres techniques pour confirmer le résultat.

a) <u>*Principe*</u>

L'IEF est une technique de séparation hautement résolutive qui résulte des molécules amphotères en fonction de leur pHi. En présence d'un champ électrique dans un gradient de pH, les espèces moléculaires migrent jusqu'à atteindre la position correspondant à leur pHi (à ce point leur charge globale est nulle). La haute résolution vient de la limitation de la diffusion. En effet si la protéine diffuse vers l'anode ou la cathode, elle acquiert respectivement une charge positive ou négative et sera soumise ainsi à des forces de répulsion. Ces évènements focalisent la protéine en une bande très fine à son pHi, constituant un équilibre entre la diffusion et la condensation électrique. Cette technique permet la séparation des Hb C, Hb E, Hb Bart et celle de l'Hb S et Hb D.

Chez les nouveaux nés, elle réalise une excellente séparation des Hb F de l'Hb A de l'Hb F_1 (acétylée), permettant de détecter facilement les hémoglobines anormales et surtout de différencier les états homozygotes et hétérozygotes, même pour de faibles taux d'expression de ces mutants.

b) <u>*Focalisation des Hémoglobines*</u>

Lors de la focalisation isoélectrique, un mélange de petites molécules amphotères de pHi continu (ampholytes) dans le gel va constituer un gradient de pHi continu sous l'effet d'un champ électrique dans un gradient allant d'un pH de 6 à 9. Une protéine appliquée à ce genre de support va migrer, ainsi se fera la condensation des hémoglobines en un point correspondant à son pHi.

c) <u>*Préparation des échantillons*</u>

Notre étude est une étude rétrospective : on récupère 3µl des culots sanguin déjà disponibles au sein du centre de recherche dans des tubes eppendorf de 1,5 ml.

On procède à :

L'enregistrement et à la numérotation des échantillons.

La préparation des feuilles de paillasse

L'élution de l'hémoglobine par du KCN dans une plaque de 96 puits la veille de l'analyse

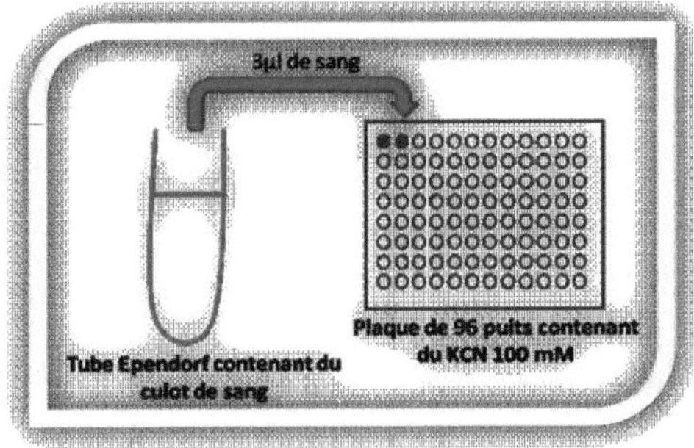

Figure 25: Prélèvement de l'échantillon à analyser à partir d'un tube Ependorf de 1.5ml

d) <u>*La Focalisation (GBEA labo)*</u>

La focalisation des hémoglobines, procédure qui dépend d'un certain nombre de paramètres :

<u>**Les électrolytes utilisés**</u>

A la cathode, la soude (NaOH 0.2M) en flacon compte-gouttes et gardée au réfrigérateur, faite à partir de la solution mère 1M ; à l'anode, l'acide sulfurique (H_2SO_4) préparée à partir de la solution mère H_2SO_4 1M à 4/100ml diluée au 20ème soit 0.05M qui est encore diluée au 10ème pour avoir une solution fille2 à 0.005M.

Les électrodes

Pour un demi-gel, on emploie deux électrodes : une femelle à gauche (une cathode) et une électrode mâle à droite (une anode).

Pour un gel entier, utiliser une plaque comportant trois électrodes : deux fiches mâles aux deux bords du gel (anode) et une, disposée en son centre (cathodes).

NB : Après chaque utilisation, bien nettoyer journalièrement et rincer les électrodes à l'eau déminéralisée.

Conditions électriques

Demi-gel : la puissance est entre 6-7W

Gel entier : la puissance est entre 14 et 16W.

Quel que soit le gel utilisé, le voltage maximum est de 1500V et l'ampérage nécessaire est de 50 Ma.

3.2.2 *Chromatographie Liquide à Haute Performance (HPLC)*

De plus en plus utilisée en chimie analytique, la chromatographie liquide à haute performance est une technique qui permet de modifier la résolution en jouant sur la composition des phases mobiles. Elle utilise des colonnes remplies d'une phase stationnaire constituée de particules sphériques de très petites dimensions de diamètre couramment compris entre 2 et 5 mm ce qui conduit à une grandes efficacité et résolution. L'inconvénient est que plus les particules sont petites, plus il est difficile de faire s'écouler le solvant, on doit donc utiliser des pompes spéciales qui poussent le solvant sous des pressions très élevées.

A l'origine le P de C.L.H.P correspondait donc au mot Pression. La grande efficacité de la technique fait que le P désigne actuellement le mot « **Performance** ».

Au sein de notre laboratoire nous utilisons le Variant automate H.P.L.C multiparamétrique pour le screening des variants anormaux de l'hémoglobine.

Lors du dépistage, HPLC est utilisé après un test d'Isoélectrofocalisation, lorsque ce dernier présente un variant de l'hémoglobine mutant ou en raison d'une difficulté à la lecture de l'HbA trop faiblement exprimée et par conséquent illisible ou encore lors de la suspicion de transfusion d'un nouveau-né avant la réalisation du test.

Pour éviter de donner des faux positifs homozygotes, pour les enfants drépanocytaires homozygotes dépistés à la naissance, un contrôle s'impose après environ deux mois de vie, de même qu'une étude de l'hémoglobine des parents. Les techniques alors utilisées pour les nouveaux nés sont l'IEF (pour le nouveau-né) l'électrophorèse de l'hémoglobine sur acétate de cellulose à pH alcalin (pH 8.6), ainsi que le test de précipitation, la CLHP sur programme ß-thal short.

a) *Principe de l'HPLC:*

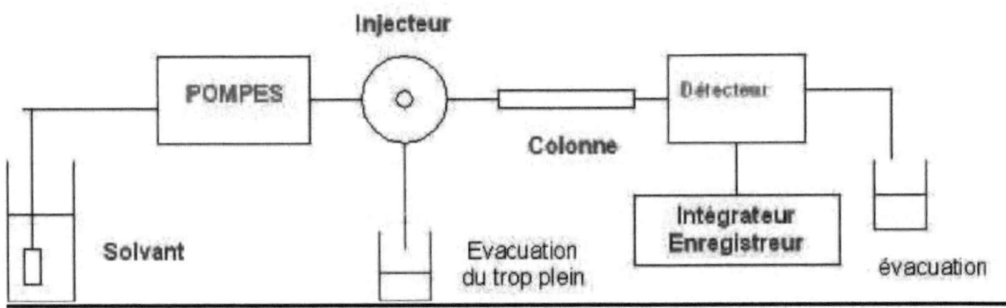

Figure 26: Schéma du principe de l'HPLC

b) <u>Système et Programme Utilisés</u>

Il y'a plusieurs applications disponibles sur le variant BIORAD. Le dépistage de la drépanocytose utilise un système « VARIANT II HEMOGLOBIN TESTING » fourni par Biorad et le programme utilisé est « **Kit sickle cell Short Program** ».

L'appareil identifie de manière présomptive les variants d'hémoglobine les plus courants en fonction de leur temps d'élution. Les programmes « sickle cell short » et « Beta-thal short » sont les deux programmes utilisés. Les conditions de test sont données dans un CD ROM compris dans chaque kit de réactifs.

c) <u>Préparation des échantillons et des contrôles</u>

La suite du dépistage consiste à sélectionner les prélèvements qui ont présenté une anomalie à l'IEF (illisibilité de HbA pour les nouveaux nés dont le terme de la grossesse et le poids ne dépassent respectivement pas 33 jours et 1500g) et tous les mutants d'hémoglobines hétérozygotes et homozygotes. C'est la préparation du programme sickle cell short. On prélève 1μl à 3μl de chaque échantillon que l'on introduit dans un tube bien numéroté. Chacun d'eux est élué avec 1ml de KCN 0.5M ou de l'eau (H_2O) la veille de l'analyse et gardé au réfrigérateur.

Dans le kit sickle cell short programme se trouvent deux lots de contrôles : le FAES contenant les hémoglobines F, A, E et S et le contrôle FADC contenant des hémoglobines F, A, D et C. Ils représentent les marqueurs de temps de rétention ou témoins d'élution qui permettront de caractériser les hémoglobines contenues dans les échantillons. Ils sont lyophilisés dans des flacons BIORAD, à dissoudre dans 10ml d'eau stérile. Conserver à 6°C, stabilité 6 mois.

4. <u>METHODES DE LUTTE CONTRE LA MALADIE</u>

4.1 *<u>Mesure d'hygiène et de prévention de crises</u>*

Un drépanocytaire doit veiller à ce qu'il soit toujours propre en se lavant les mains le plus souvent. Il doit boire abondamment, éviter les excès de chaleur ou de froid, ne pas faire d'effort physique. Le drépanocytaire ne doit pas prendre des bains froids et bien se couvrir lorsqu'il fait froid.

4.2 *<u>Stratégie vaccinale</u>*

Les stratégies vaccinales sont le plus souvent des traitements en vue de prévenir les infections à pneumocoque et à méningocoque.

La cause la plus fréquente de décès chez les enfants drépanocytaire est *Streptococcus pneumoniae sepsis*. La pratique la plus courante est de donner aux patients 23-valent *Streptococcus pneumoniae* polysaccharide vaccin (PPV23) aux enfants âgés de 24 mois et aux adultes.

Haemophilus influenzae est un agent pathogène important chez les enfants drépanocytaire tout comme chez les enfants non drépanocytaires. En routine on procède à une immunisation vaccinale avec un conjugué de *Haemophilus influenzae* ce qui permet de réduire les risques d'infection.

Il est aussi recommandé de procéder à une vaccination contre le virus influenza car les infections virales dues à influenza causent des sévères morbidités chez les drépanocytaires.

*4.3**Lutte thérapeutique*

Le traitement contre la drépanocytose est essentiellement constitué par les antibiotiques (en cas d'infection bactérienne), acide folique cela en fonction des signes cliniques présentés par le patient.

Pour prescrire un traitement à un patient drépanocytaire il est important d'avoir l'historique de prise en charge de différents épisodes de douleurs pour lesquelles il a été traité.

- *Prise en charge des épisodes douloureux*

Pour commencer, il est important de déterminer de quel type de douleur souffre le patient. Selon qu'il s'agisse des syndromes douloureux aigues ou chroniques les prescriptions médicamenteuses d'opioïdes ne sont pas les mêmes. Il faut dresser une fiche médicale du patient qui doit prendre en compte :
- Les différents médicaments souvent prescrits, les dosages et leur efficacité durant les crises douloureuses (historique)
- La fréquence des épisodes douloureux pendant l'année précédente
- Le nombre de visites aux urgences l'année précédente
- La fréquence et la durée des hospitalisations
- L'efficacité des différents traitements pris à la maison
- Les traitements pris depuis la douleur actuelle

Afin de soulager les douleurs du patient les médecins prescrivent des doses de morphine (un opioïde fort) équivalente à 5-10mg (0.1- 0.15 mg/kg pour les enfants). Si le patient a pris un traitement d'opioïde à domicile, il peut avoir développé une tolérance à ces derniers. Ainsi lors d'un nouvel épisode douloureux, le patient peut être traité par opioïde différent ou par le même opioïde qu'auparavant mais à une dose plus forte. Il n'est pas recommandé de prescrire des opioïdes mixés agoniste-antagoniste à un patient qui reçoit un opioïde agoniste.

- *La supplémentation en Acide Folique* (Folate) : son administration permet le renouvellement rapide des tissus tels que ceux de la moelle osseuse afin de favoriser la fabrication des globules rouges, des globules blanc et des plaquettes.

- *La transfusion* : qui peut être soit une transfusion sanguine en cas d'anémie profonde ou une exsanguino-transfusion (transfusion-saignée dans le cas de la drépanocytose) qui permet de remplacer une partie du sang afin de réduire la proportion d'hémoglobine S. Ce deuxième type de transfusion est souvent réalisé chez les nouveaux nés et permet de remplacer 85 à 95% de leur masse sanguine.

- Les premières causes d'hospitalisation sont les *crises vaso-occlusives*. Les traitements le plus souvent utilisés sont des antalgiques (Siklos ou hydrocarbamine ou encore hydroxyurée)(Wiles and Howard 2009) ou une mise sous oxygène.

- *Greffe de la moelle osseuse* est faite lorsque la maladie est jugée sévère. Le fait de remplacer la moelle osseuse d'un malade par celle d'un donneur (qui peut être un frère une sœur ou une personne apparenté au malade) permet dans 85% des cas d'obtenir la guérison. En effet les hématies ou globules rouges sont produits par les cellules souches contenu dans la moelle osseuse. Il existe aussi une autre méthode où le greffon provient d'un bébé issu d'une fécondation in vitro appelé aussi bébé médicament. Ce procédé est encore très encadré par les lois Bioéthiques et nécessite un Diagnostic Pré-Implantoire en vue de se rassurer quant à la compatibilité des cellules souches du bébé avec celles du malade.

4.4 *Stratégies de Surveillance*

Selon l'âge du patient, il y a plusieurs tests qui permettent de voir l'évolution de la maladie ; ceci est valable pour les patients homozygotes pour l'allèle malade (SS).

- *Dès l'âge de trois ans* et annuellement, on recherche chez le patient des lithiases (calcul) par une échographie abdominale. Et si le patient présente des lithiases, il est recommandé de procéder à une ablation de la vésicule biliaire ;

- *Dès l'âge de cinq ans* il est conseillé de faire une recherche de rétinopathies surtout chez les patients SC ou $S\beta^+$; le même examen est conseillé chez les patients SS ou $S\beta0$ mais après l'âge de dix ans ;

- *Entre douze et dix-huit ans* lorsque que le taux d'hémoglobine fœtale a considérablement diminué, on procède à la recherche un éventuel déficit en G6PD et à l'établissement d'un recueil sanguin.

DREPANOCYTOSE ET PALUDISME

1. <u>HEMOGLOBINE « S » ET PROTECTION CONTRE LE PALUDISME</u>

Le paludisme dû à l'agent pathogène *Plasmodium falciparum* a été pendant longtemps une cause majeure de mortalité et de morbidité dans l'histoire de l'humanité (Gong L. et al., 2013). De l'extraordinaire pression du paludisme au cours de l'évolution sur le génome humain résulte l'apparition de plusieurs polymorphismes génétiques ; conférant aux personnes porteuses une protection contre le paludisme sévère (Taylor SM. et al., 2013). Le polymorphisme découlant de la pression du paludisme le plus caractérisé est celui de l'hémoglobine « S » (HbS) (Williams TN. et al., 2006). Les hautes fréquences de HbS observé en Afrique sub-saharienne et dans certaines régions tropicales sont certainement dues à la protection produite par les hétérozygotes (Piel FB. et al., 2010 ; Mackinnon MJ. et al., 2005). C'est Haldane en 1949, qui pour la première fois propose l'hypothèse de l'avantage de l'hétérozygotie contre le paludisme (Haldane JBS., 1949). Il suggère que les individus hétérozygotes pour la thalassémie et les autres hémoglobinopathies sont protégés contre le paludisme. Plusieurs études épidémiologiques afin de démontrer cette hypothèse ont été menées et ont montré que la parasitémie dans le cas du paludisme est faible chez les individus porteurs du trait drépanocytaire que chez les individus normaux (non-porteurs du trait drépanocytaire) au Nord de la Rhodésie (Beet E., 1946 ; Brain P., 1952). Alison en 1954 a montré une diminution de la prévalence de la parasitémie du paludisme dû à *P. falciparum* en Uganda chez les hétérozygotes (HbAS) comparé aux homozygotes (HbAA). Il a aussi montré que les chez les hétérozygotes non seulement la parasitémie du paludisme est faible mais aussi que chez ces individus les signes cliniques de la malaria étaient moins sévère que ceux observé chez les individus HbAA. Plus récemment, en 2010, Piel FB. et al. ont réalisé une carte représentant la distribution géographique globale des différents gènes responsables des hémoglobinopathies comparée à la prévalence globale du paludisme dû à *P. falciparum*. Ces données ont mis en évidence une association entre le paludisme et la fréquence de l'allèle HbS en particulier en Afrique Sub-saharienne. D'autres études ont pu mettre en relief l'effet protecteur dû aux autres polymorphismes de globules rouges contre le paludisme incluant l'hémoglobine C, l'hémoglobine E, la thalassémie et l'Ovalocytose (Taylor SM. et al., 2012 ; Agarwal A. et al., 2000).

Dans les pays endémiques pour le paludisme à *P.f*, HbS fournis une protection contre le paludisme sévère mais aussi contre le paludisme simple. Des études menées dans plusieurs pays en Afrique sur des cas control et des cohortes, ont montré un effet protecteur de HbAS allant de 70 à 90% contre le paludisme sévère (Gille HM. et al., 1967 ; Jallow M. et al., 2009). Des études réalisées sur de enfants porteurs du trait drépanocytaire ont montré une protection significative aux syndromes du paludisme sévère incluant plus de 90% de protection contre le paludisme sévère, le paludisme cérébral et l'anémie due au paludisme (Taylor SM. et al., 2012). De plus, dans les pays à forte transmission du paludisme on note environ 60% de réduction de mortalité pour cause de paludisme chez les enfants âgés de 2 à 16mois HbAS, que chez les enfants HbAA (Aidoo M. et al., 2002). Les enfants HbAS sont aussi protégés contre le paludisme simple (Wlliams TN. et al., 2005 ; Marsh K. et al., 1989 ; Parish S. et al., 2004).

Il est à présent clair qu'il existe une association entre le port du trait drépanocytaire et la protection contre le paludisme. Quels sont alors les mécanismes impliqués dans cette résistance au paludisme?

2. <u>MECANISME MOLECULAIRE DE PROTECTION CONTRE LE PALUDISME</u>

Le mécanisme permettant aux individus HbAS d'être protégés contre le paludisme est complexe. L'observation la plus marquante, faite dans le cas du paludisme dû à *P. falciparum*, est une diminution de la parasitémie chez les individus HbAS comparé aux individus HbAA (Gong et al., 2013). Plusieurs hypothèses quant à l'induction de la réduction de la parasitémie chez les individus HbAS ont été émises. Plusieurs équipes ont montré que les érythrocytes HbAS parasités présentent des hémoglobines polymérisées et une baisse du PH intracellulaire ceux- ci entraineraient une falciformation des globules rouges (Luzzatto L et al., 1970 ; Roth EF Jr. et al., 1978) ; avec une réduction de la croissance du parasite *P. falciparum* dans ces cellules rouges (LaMonte G. et al., 2012) et une réduction de l'invasion de *P. falciparum* (Luzzatto L et al., 1970). Tous ces événements induisent, la phagocytose des cellules rouges HbAS infectées en conséquence une réduction de la parasitémie comparé aux personnes HbAA (Gong et al., 2013). Il faut dire que les conditions intra-érythrocytaires spécifiques aux cellules rouges HbAS telles que : la faible concentration en potassium (Friedman MJ, 1978) et la forte concentration en Hémoglobine (Orjih AU. et al., 1986),   constituent un environnement défavorable au développement du parasite.

Le changement des conditions biochimiques et mécaniques dans les cellules rouges des individus HbAS altèrent la progression de la maladie. Dans ces érythrocytes HbAS infectés par *P. falciparum*, la formation de la rosette (la adhérence des cellules rouges infectées avec celles non-infectées) est compromise dans des conditions de faible désoxygénation (Carlson J. et al., 1990). La difficulté de liaison entre les érythrocytes infectées et ceux non-infectés pourrait s'expliquer par la l'augmentation de la falciformation des cellules rouges dans les conditions de désoxygénation (Luzzatto L. et al., 1970 ; Roth EF Jr. Et al., 1978) ou à la réduction de l'expression des protéines d'adhérence à la surface des érythrocytes (Cholera R. et al., 2008). La baisse de formation de la rosette et l'obstruction de la circulation sanguine, contribueraient à la protection contre le paludisme sévère chez les personnes HbAS.

La réduction de la cytoadhérence est aussi impliquée dans le mécanisme de protection contre le paludisme sévère chez les personnes HbAS. Les cellules rouges infectées par le *P. falciparum* expriment au niveau de leur surface, une adhésine, la protéine PfEMP-1 (*P. falciparum erythrocyte membrane protein 1*). C'est via cette protéine, que les érythrocytes adhèrent aux cellules endothéliales dans les microvaiseaux (Ockenhouse CF. et al., 1989 ; Yazdani SS. et al., 2006). Cette cytoadhérence permet au parasite d'être séquestré dans le système vasculaire et d'éviter d'être éliminé par la rate (Yazdani SS. et al., 2006). Elle permet aussi l'activation des cellules endothéliales et est associé à l'inflammation dans le cerveau, et les autres organes important dans processus vers le paludisme sévère.

Chez les personnes HbAS et HbAC, les érythrocytes infectés présentent une réduction de la cytoadhérence. Le signal de PfEMP-1 à la surface des globules rouges, est réduit d'environ 14% chez les HbAS et les HbSS par rapport aux érythrocytes HbAA. Les études réalisées en utilisant la technique de cytométrie en flux, montrent que l'altération de la protéine PfEMP-1 des globules rouges HbAS, HbSS est similaire à celle obtenue chez les érythrocytes HbC (Cholera R. et al., 2008).

La réduction de la cytoadhérence des érythrocytes HbAS et HbSS conduirait probablement à l'augmentation de la clairance (filtration) par la rate et pourrait en partie expliquer la faible densité parasitaire et la faible incidence du paludisme sévère chez les personnes HbAS (Gong L. et al., 2013).

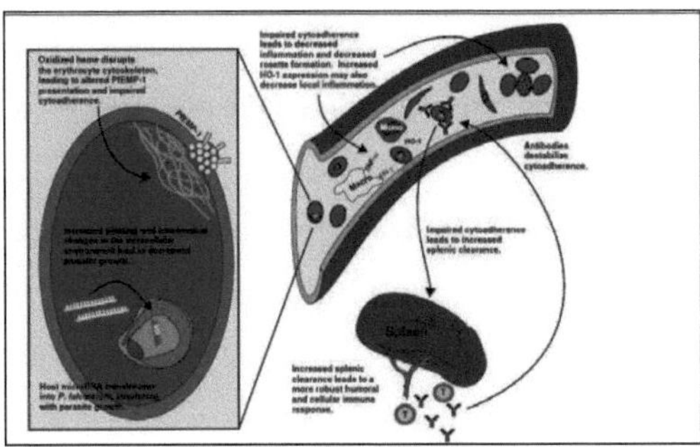

Figure 27 : Model du mécanisme par lequel le trait drépanocytaire protège contre le paludisme (Gong L. et al., 2013)

SECTION II - PRESENTATION DU SUJET

PROBLEMATIQUE

La drépanocytose ou anémie falciforme est une maladie génétique qui, à l'état homozygote, se caractérise par une profonde altération de l'hémoglobine et une déformation des globules rouges (Jastaniah 2011)(Kumar et al. 2012). C'est une maladie autosomale récessive associée à une mortalité et une morbidité élevées (Jastaniah 2011). Compte tenu du nombre de décès causés par l'anémie sévère que cette maladie génère, Mason en 1922 utilise le nom de « Sickle Cell Anemia » ou « drépanocytose » pour la nommer tout en soulignant le fait que les différents cas étudiés dans le cadre de cette maladie concernent des personnes de race noire. A partir de ce moment émerge une idée fausse selon laquelle la maladie de la drépanocytose ne toucherait que les personnes d'origine africaine (Serjeant 2001). Dans une étude en 1933, Diggs de Memphis dresse une fiche de malade basée sur la déformation des cellules rouges et montre qu'il existe deux formes de déformation : les déformations latentes et les déformations actives. Il est le premier à distinguer les drépanocytaires ou symptomatiques et les porteurs du trait drépanocytaire ou asymptomatiques (Diggs et al, 1933).

En 1944, Texeira a montré qu'en Angola la prévalence de porteurs du trait drépanocytaire était de 27% tandis que la forme active était extrêmement rare et plusieurs autres études ont abouti aux mêmes conclusions en Afrique de l'Est (Lehmann & Milne, 1949 ; Mackey, 1949 ; Rapper, 1949 ; Lehmann, 1951) et en Afrique de l'Ouest (Edington, 1954). Foy et son équipe en 1954 ont trouvé au sein d'une tribu kényane cinq très jeunes enfants présentant la forme active de la maladie drépanocytaire et ont émis l'hypothèse selon laquelle ces enfants devaient décéder très jeunes. Plusieurs autres études ont abouti à ces mêmes conclusions (Serjeant 2001).

La drépanocytose est une maladie le plus souvent retrouvée chez les populations vivant dans les pays tropicaux, subtropicaux et dans certains autres pays du monde comme le centre et le centre-est de l'Inde, les pays situés autour de la mer méditerranée précisément l'Italie et la Grèce. L'allèle responsable de la drépanocytose atteint des hautes fréquences dans les populations habitant les zones humides de basse altitude et avec de hautes prévalences de paludisme (Lehmann et al., 1974).

Cela suggère que le gène responsable de la drépanocytose se maintient à des fréquences élevées au sein de ces populations, en raison de la résistance à la malaria observée chez le porteur du trait drépanocytaire (Haldane,1949)(Piel et al. 2010).

Elle affecte plus particulièrement certains pays africains où elle constitue un grave problème de santé publique. Mais compte tenu de l'avantage sélectif que confère le portage du trait drépanocytaire : allèle « Normal » et de l'allèle « Altéré », les hétérozygotes sembleraient plus résistants (réfractaires) à l'infection par l'agent paludéen *P. falciparum.* Il n'existe pas à l'heure actuelle les études réalisées à l'échelle des pays pour vérifier cette hypothèse. Pourtant à l'échelle des continents, on note une corrélation entre la distribution géographique du paludisme avec celle de la drépanocytose (Piel et al. 2010).

En effet, le *Plasmodium falciparum* est une des espèces de *Plasmodium* responsable du paludisme. Au Gabon, pays de l'Afrique centrale, le paludisme reste la première cause de consultation, d'hospitalisation, de décès et d'absentéisme scolaire et professionnel. Le secrétaire général du ministère de la santé lors de la journée mondiale du paludisme édition 2014, a indiqué que les femmes enceintes, les enfants de moins de 5 ans, les personnes immuno-déficientes et les personnes âgées sont les plus vulnérables. C'est une situation qui devient une préoccupation majeure pour les autorités gabonaises et un vrai problème de santé publique de par l'augmentation de la dépense nationale de santé qu'elle cause. De ce fait, les autorités gabonaises sont déterminées à éliminer le paludisme sur toute l'étendue du territoire gabonais.

Nous sommes donc en présence de deux maladies constituant un sérieux problème de santé publique pour les autorités gabonaises. L'étude conjointe de la drépanocytose et du paludisme pourrait permettre de localiser les zones à risque et bénéficiaires prioritaires des stratégies de luttes contre ces maladies.

Bien que la drépanocytose soit un problème majeur en terme de santé publique, il n'existe toujours pas, à l'heure actuelle, de centre intégré ou de prise en charge de la drépanocytose au Gabon, malgré le démarrage du programme de dépistage néonatal de la drépanocytose. Par ailleurs l'épidémiologie de la drépanocytose sur l'ensemble du territoire gabonais n'est pas bien connue. De plus la drépanocytose est une maladie très peu ou mal connue par les populations gabonaises. Il est important de leur apporter des informations appropriées sur cette maladie et favoriser ainsi la création d'un centre de la drépanocytose et la mise en place d'une prise en charge appropriée par les pédiatres. Toutes ces mesures permettront la diminution de la mortalité infantile mais également des complications invalidantes et des infections associées.

D'après le constat concernant l'absence de données sur la drépanocytose au Gabon et de l'hypothèse selon laquelle chez l'Homme, une maladie infectieuse (le paludisme) sélectionnerait positivement une maladie génétique (la drépanocytose), afin de tester in natura cette hypothèse notre objectif principal est de:

Déterminer les relations voire corrélations entre l'infection palustre et la fréquence de la drépanocytose au Gabon

Des études menées par Diallo et al. sur la drépanocytose en Afrique montrent que le pourcentage des porteurs du trait drépanocytose peut varier de 5 à 40% (Diallo and Tchernia 2002). En Afrique centrale, ce pourcentage se situe autour de 20 à 25% (Piel et al. 2010) selon que l'on soit dans un pays ou un autre.

Nos objectifs secondaires consistent à répondre aux questions suivantes :

- Quelle est la fréquence des différents allèles de l'Hémoglobine qui, à l'état homozygote, sont associés à la drépanocytose (HbS, HbC, HbE) au Gabon?

- Existent-ils des allèles « non africains » qui ont introgressé la population gabonaise ?

- Existent-ils des différentiels de fréquences allèliques entre populations habitants dans différents milieux (urbains, ruraux, forestiers) ? Et/ou entre populations de différents modes de vie (Fermiers/Pygmées) ?

- Existe-t-il alors une corrélation entre fréquences des allèles liés à la drépanocytose et les différentiels de pression du paludisme au sein des populations gabonaises ?

- Dresser une cartographie nationale

La connaissance de la répartition de la prévalence de la drépanocytose et du paludisme sur le territoire gabonais, contribuera à une meilleure compréhension de la drépanocytose afin réduire la morbidité et la mortalité infantile.

SECTION III - RESULTATS

CHAPITRE PREMIER : LA DREPANOCYTOSE AU GABON

I.   ETUDE I

LE TRAIT DREPANOCYTAIRE AU GABON : UNE ETUDE NATIONALE

La drépanocytose est une maladie autosomique récessive du sang, qui a été décrite pour la première fois par le Dr Herrick aux Etats-Unis. C'est une maladie caractérisée par la production d'une hémoglobine anormale et par des globules rouges présentant une déformation. La drépanocytose est due à une mutation située sur la chaine béta de la protéine d'hémoglobine (HbA) appelé hémoglobine S (HbS), caractérisée par la substitution de l'Adénine par la Thymine au niveau du 6ème codon (GAG en GTG). Le résultat de cette substitution est le remplacement de l'acide Glutamique par la Valine.

La maladie drépanocytaire se manifeste chez les personnes possédant les deux allèles mutés (HbS/HbS). Ces personnes présentent une hémoglobine anormale qui polymérise en longues fibres conduisant à une déformation de cellules en forme de faucille. En comparaison aux cellules rouges normales, les cellules en faucilles sont rigides et collantes (adhérentes). En conséquence, elles tendent à obstruer les capillaires et diminuer le flux sanguin au niveau des organes provoquant des douleurs, des nécroses ischémiques et souvent des dommages d'organes. L'espérance de vie de ces personnes affectées est dramatiquement raccourcie. Lorsque l'allèle HbS est hérité d'un seul parent, les enfants hétérozygotes (HbA/HbS) sont habituellement des porteurs asymptomatiques, bien que certains symptômes puissent se manifester. Cela dépend du niveau d'expression de chacun des allèles.

La drépanocytose touche principalement des personnes (ou leurs descendants) vivant dans les zones tropicales ou subtropicales mais on peut aussi l'observer chez les personnes vivant dans d'autres parties du monde (le centre-Est et le Centre de l'Inde, les pays bordant la mer Méditerranée spécialement l'Italie et la Grèce) où la malaria est ou était présente. L'allèle drépanocytaire présente ainsi des fréquences élevées dans les populations historiquement installées au niveau des zones pluvieuses et de basse altitude à forte prévalence pour le paludisme appelées « ceinture drépanocytaire ». Ceci suggère que l'allèle responsable de cette maladie se maintient à des hautes fréquences au niveau de ces populations, en raison de la résistance contre le paludisme des personnes hétérozygotes. Le nombre de nouveaux nés dans le monde souffrant de cette maladie est estimé à 300.000 par an et 200.000 nouveaux nés pour l'Afrique. Elle est chez les enfants une des causes majeures de mauvais état de santé en Afrique. Les études réalisées en Afrique de l'Ouest ont montré qu'il y a d'autres facteurs associés à la mort des enfants nés avec la drépanocytose tels que les infections, le faible niveau d'hémoglobine et d'hémoglobine fœtale (HbF), un nombre important de cellules blanches et l'hémolyse. En l'absence de traitements qui sont rarement disponibles dans les pays à faible revenu, on observe un taux élevé de morbidité ; la majorité de ces enfants meurent avant l'âge de cinq ans.

Quant aux origines de la drépanocytose, on pensait initialement que la forme anormale du gène béta-globine s'était répartie dans le monde à partir d'une mutation unique. L'analyse par RFLP a cependant montré qu'il y a eu plusieurs mutations à différents moments sur le même locus conduisant à plusieurs haplotypes différents dont celui de l'allèle HbS.

En Afrique où la morbidité et la mortalité sévère liées à la drépanocytose est un problème chez les enfants, les études épidémiologiques sont peu développées, généralement menées dans les centres hospitaliers qui enregistrent des prévalences de drépanocytose ne concernant que les patients hospitalisés. Les tentatives pour améliorer la prise en charge médicale des patients drépanocytaires en Afrique ont été rares, ce qui reflète un manque de préoccupation de la communauté médicale africaine et des politiciens. Un tel manque d'intérêt peut avoir plusieurs raisons : la mortalité infantile est actuellement attribuée à des facteurs identifiés il y a longtemps déjà comme le paludisme, la malnutrition, les infections bactériennes et parasitaires ; le rôle aggravant de la drépanocytose n'a pas encore été identifié.

Aujourd'hui la drépanocytose, est un problème de santé publique au Gabon avec une proportion d'hétérozygotes (HbA/HbS) ou de porteurs du trait drépanocytaire estimée entre 5 et 40%. L'objectif de la présente étude était de déterminer avec précision la fréquence de l'hémoglobine anormale au sein de la population gabonaise et entre les provinces administratives du Gabon ainsi que ses variations en fonction de l'âge et le sexe.

Matériels et Méthodes

Pour ce faire, un total de 4250 échantillons sanguins a été collecté entre Juin 2005 et Septembre 2008 dans le cadre du projet portant sur le virus Ebola au Gabon. En bref, les investigations couvraient 220 villages sélectionnés de manière aléatoire le long des routes et des rivières répartis dans les neuf provinces administratives du Gabon (Estuaire, Haut-Ogooué, Moyen-Ogooué, Ngounié, Nyanga, Ogooué-Ivindo, Ogooué-Lolo, Ogooué-Maritime, Woleu-Ntem) avec 8 à 35 villages par province. Dans ces villages, les personnes, inclues dans l'étude y résidaient sans interruption depuis un an au moins, étaient asymptomatiques pour l'accès palustre et avaient 15 ans minimum. Durant cette opération, plusieurs informations ont été recueillies : l'âge, le sexe, le groupe de population (Bantu ou Pygmée). Un consentement écrit est signé par tous les participants ; pour les mineurs un consentement des parents est exigé.

Le dépistage de l'hémoglobine anormale est réalisé à l'aide de deux techniques successives : l'Isoélectrophocalisation (IEF) permettant de séparer les protéines en fonction de leur pH isoélectrique (pHi) et la chromatographie en liquide à haute performance permettant la confirmation du profil anormal de l'hémoglobine est réalisée. Ces analyses nous ont permis de diagnostiquer les hémoglobines A (HbA), S (HbS) et C (HbC).

L'analyse statistique des données a été réalisée par le logiciel R (R core team 2013).

Résultats

- Le génotype hémoglobinique a été obtenu pour les 4250 volontaires. La présence de l'allèle C n'a été identifiée que chez un seul individu originaire du Ghana ; cet individu a donc été exclu de l'ensemble des analyses. Les différents individus possédant une hémoglobine anormale présentent un allèle HbS. Cet allèle représente l'allèle le plus représenté en Afrique centrale, il s'agit du génotype Bantu;

- La prévalence globale des porteurs du trait drépanocytaire au Gabon est de 21,1% (895/4249) chez les personnes de plus de 15ans. Cette observation est en accord avec plusieurs études qui ont montré que la prévalence des porteurs du trait drépanocytaire en Afrique centrale est comprise entre 19 et 25%.

- Aucun homozygote (HbS/HbS) n'a été identifié dans toute la base de données, ce qui suggère que la survie de ces personnes après l'âge de 15ans est très faible. Des études ont montré qu'on observe un pic de mortalité des homozygotes entre 1 et 3 an(s) ou avant l'âge de 5ans.

- Lorsqu'on analyse séparément les différentes provinces, la prévalence des porteurs du trait drépanocytaire (**PTD**) est comprise entre 13% et 28%.

Les hautes prévalences sont concentrées au niveau d'une bande Nord-Sud au centre du pays. Les fortes prévalences des PTD observées dans certaines provinces du Gabon sont similaires à celles observées dans plusieurs tribus noires africaines par exemple en République Démocratique du Congo où cette prévalence est d'environ 10% à 20%.

- Nous avons identifié deux groupes de populations : Bantus et Pygmées qui présentent respectivement une prévalence de PTD de 21,7% et 12,1% ;

- Nous avons noté que les prévalences de PTD chez les femmes étaient de 21,4% et celui des hommes était de 20,7%. Cette différence n'est pas significative. HbS est un allèle autosomale, il n'y a donc pas de différence à hériter cet allèle de ses parents entre les deux sexes. L'absence de différence entre les sexes de la prévalence de PTD chez les personnes de plus de 15 ans, montre qu'il n'y pas de différence dans l'effet protecteur contre le paludisme associé à la mortalité entre les sexes ;

- L'âge est un facteur important dans la survie des homozygotes. On observe une augmentation significative de PTD avec l'âge.

Conclusion

Cette étude a montré que le trait drépanocytaire n'est pas uniformément reparti sur le territoire gabonais. Il existe également une différence marquée entre les deux groupes de populations Bantus et Pygmées. Ces résultats pourraient fournir des indications aux autorités publiques pour la facilitation de l'accès aux soins et le ciblage des campagnes d'information. Ils pourraient être utilisés comme données prévisionnelles sur les tendances futures de la prévalence de la drépanocytose, compte tenu des présents mouvements à l'intérieur du pays ou dans les pays de l'Afrique centrale si cette étude était étendue au sous-continent.

DISTRIBUTION DU TRAIT DREPANOCYTAIRE SUR LE TERRITOIRE GABONAIS

Article 1: Prevalence of the Sickle Cell Trait in Gabon: A nationwide study.

Lucrèce M. Délicat-Loembet [a,b,1], Eric Elguero [b,*,1], Céline Arnathau [b], Patrick Durand [b], Benjamin Ollomo [a], Simon Ossari [a], Jérôme Mezui-me-ndong [a], Thélesfort Mbang Mboro [a], Pierre Becquart [b], Dieudonné Nkoghe [a], Eric Leroy [a,b], Lucas Sica [a], Jean-Paul Gonzalez [a,c], Franck Prugnolle [a,b,1], François Renaud [a,b,1]

a Centre International de Recherches Médicales de Franceville, CIRMF, BP 769 Franceville, Gabon
b MIVEGEC (UMR CNRS/IRD/UM1/UM2 5290) CHRU de Montpellier, 39 Av. C. Flahault, 34295 Montpellier, France
c METABIOTA, Emerging Diseases & Biosecurity, Washington, DC, USA
* Contributed equally to the work
1 Authors who co-managed the study

Infection, Genetics and Evolution 25 (2014) 52–56

Abstract

Sickle cell disease (SCD) is an important cause of death in young children in Africa, which the World Health Organization has declared a public health priority. Although SCD has been studied at the continental scale and at the local scale, a picture of its distribution at the scale of an African country has never been given. The aim of this study is to provide such a picture for the Republic of Gabon, a country where precisely the epidemiology of SCD has been poorly investigated. To this effect, 4,250 blood samples from persons older than 15 were collected between June 2005 and September 2008 in 210 randomly selected villages from the nine administrative provinces of Gabon. Two methods were used to screen Sickle Cell Trait (SCT) carriers: isoelectric focusing (IEF) and high-performance liquid chromatography (HPLC). SCT prevalence in Gabon was 21.1% (895/4249). SCT prevalence was significantly larger for the Bantu population (21.7%, n=860/3959) than for the Pygmy population (12.1%, n=35/290), (p = 0.00013). In addition, the presence of Plasmodium sp was assessed via thick blood examination. Age was positively associated with SCT prevalence (odds-ratio for an increase of 10 years in age = 1.063, p = 0.020). Sex was not associated with SCT prevalence. The study reveals the absence of homozygous sickle-cell patients, and marked differences in SCT prevalence between the Gabonese provinces, and also between population groups (Bantu vs

Pygmy). These findings could be used by the public health authorities to allocate medical resources and target prevention campaigns.

1. *Introduction*

Sickle Cell Disease (SCD) is an autosomal recessive genetic blood disorder, that was reported for the first time by Herrick in the United States (Serjeant 2001). SCD is characterized by the production of an abnormal haemoglobin and by red blood cells that display an abnormal sickle shape (Guberti et al 1984, Jastaniah 2011, Kumar et al 2012). SCD is due to a mutation in the beta chain of the haemoglobin protein (HbA) called haemoglobin S (HbS), characterized by an adenine to thymine substitution in the 6th codon (GAG to GTG), resulting in a Glutamic acid to Valine substitution (Labie & Elion 2010, Piel et al 2010). Among the other variants, haemoglobin C (HbC) is common in West Africa and occasionally observed in Central Africa (Modiano et al 2008).

SCD occurs in persons having two mutated alleles (HbS/HbS). In these persons, abnormal haemoglobin polymerizes into long fibers resulting in the distortion of the cells into a sickle shape. Compared to normal red cells, sickle-shaped cells are rigid and sticky (Serjeant,2001). As a consequence, they tend to obstruct capillaries and restrict blood flow to organs, resulting in ischaemia, pain, necrosis and often organ damage. Life expectancy of the affected persons is drastically shortened. When HbS is inherited from only one parent, the heterozygous (HbA/HbS) child is usually an asymptomatic carrier, although some symptoms may be present depending on the expression level of each allele (Serjeant 2001).

SCD occurs mainly in people (or their descendants) living in tropical and subtropical areas but is also seen in people from other parts of the world (the Middle East, Central India, and countries bordering the Mediterranean Sea, especially Italy and Greece) where malaria is or was common. The allele frequency is thus higher in populations which historically have lived in low-lying and wet areas with a high prevalence of malaria, called the sicklemic belt (Lehman & Huntsman 1974). It was indeed suggested that the allele responsible for this disorder was maintained at high frequencies within these populations because of a resistance against malaria of the heterozygous carriers (Haldane 1949, Piel et al 2010). The number of newborn affected by SCD is estimated to be 300,000 per year in the world (Komba et al 2010, Makani et al 2011) with 200,000 in Africa alone (Diallo & Tchernia 2002). It is a major cause of child ill-health and death in Africa (Kumar et al 2012). In West Africa, risk factors for death of children born with SCD include infections, low hemoglobin and fetal Hb (HbF), high white blood cell count and haemolysis (Leikin et al 1989, Makani et al 2011, Platt et al 1994). Without treatments, which are rarely available in low-income, high-burden countries (Modell& Darlison 2008), the vast majority of these children die before the age of five (Weatherall et al 2006).

Regarding the origin of SCD, it was initially thought that the abnormal form of the beta gene spread all over the world from a single mutation event (Gelpi 1973). Restriction-fragment length polymorphisms (RFLP) analysis has, however, shown that the HbS allele has actually arisen from mutations occurring several times at the same locus, resulting in different haplotypes (Kulozik et al 1986, Ware 2013).

In Africa, where SCD-related mortality and morbidity are severe childhood health problems, epidemiological studies are poorly developed, usually conducted in health centers, and record the prevalence of SCD only in hospitalized patients. Attempts to improve the medical care of patients with

SCD in Africa have been scarce, reflecting the lack of concern from the African medical community and, hence, from the politicians (Diallo & Tchernia, 2002). Such a lack of interest may have several grounds: child mortality is currently attributed to factors identified long ago such as malaria, malnutrition, or bacterial and parasitic infections, and the aggravating role of SCD is not identified (Diallo & Tchernia 2002).

Today, SCD is a major public health problem in the Republic of Gabon with a proportion of heterozygous HbS/HbA, hereafter called Sickle Cell Trait (SCT) carriers, estimated to be between 5 and 40% (Diallo & Tchernia 2002). The aim of the present study was to accurately determine the frequency of abnormal haemoglobin in the Gabonese population and its distribution across the administrative provinces of Gabon as well as its variation according to age and sex.

2. Methods

2.1 Study area and sampling

Located in Central Africa, Gabon is crossed by the equator and about 80% of its 267,667 km2 area is covered by dense forest. Gabon population is estimated to be around 1.5 million inhabitants (5.6 inhabitants/ km^2), 73% of whom live in urban areas. Gabon is administratively divided into nine provinces with 2,048 villages located mainly along roads and rivers. Few villages have more than 300 inhabitants. The main activities are subsistence farming, hunting, gathering and fishing (Njouom et al 2002).

A total of 4,250 blood samples were collected between June 2005 and September 2008 during a project focused on the Ebola virus in Gabon (Becquart et al 2010). In brief, the investigation covered 210 randomly selected villages from the nine administrative provinces of Gabon (Estuaire, Haut-Ogooué, Moyen-Ogooué, Ngounié, Nyanga, Ogooué-Ivindo, Ogooué-Lolo, Ogooué-

Maritime et Woleu-Ntem) with 8 to 35 villages per province (Figure1). In these villages, all healthy volunteers over the age of 15 who had been residing in the village for more than one year were recruited for the study. During enrollments, several informations were collected from each person: age, sex, membership to Pygmy vs Bantu populations.

2.2 Ethics statement

Written consent was secured from all participants. In the case of minors, consent was obtained from at least one parent. Our study received the approval of the Gabonese Ministry of Health, with a research authorization Nb. 00093, March 15, 2005.

2.3 Blood collection and processing.

Blood samples were usually collected in the village health care center into 7-ml vacutener tubes containing EDTA (VWR International, France). The tubes were transported daily to the field laboratory for centrifugation (10min, 2000 x g). Plasma, Buffy coat and red blood cells were stored separately. Samples were preserved at -20°C until the end of the field mission and then transferred on dry ice at the Centre International de Recherches Médicales de Franceville (CIRMF) and kept at -80°C until analysis. Red blood cell samples were then processed for screening of abnormal haemoglobin. The presence of abnormal haemoglobin was ascertained by the isoelectric focusing (IEF) method by which proteins are separated according to their isoelectric points. When an abnormal protein was detected, high-performance liquid chromatography (HPLC) was used to identify the exact variant: haemoglobin A (HbA), Haemoglobin S (HbS) or Haemoglobin C (HbC) (Ingram 1956, Siguret & Andreux 1997), according to the protocol described in (Tau et al 1997). Thick and thin blood films were stained with 20% Giemsa and examined for malaria parasites by two experienced microscopists. A sample was considered negative if no parasites were seen in 100x magnification oil-immersion fields (Nkoghe et al 2011).

2.4 Statistical analysis

All statistical analyses were performed with the R software (R core team 2013). Several explanatory variables were considered: province, population group (Bantu versus Pygmy), age of individuals and gender. Univariate associations were assessed by Chi-squared tests for the qualitative variables, and by logistic regression for age. A logistic model including all the studied covariates was also fitted, but no interaction was put in evidence, and since it gave very similar results than the univariate models, it will not be discussed further.

3. Results and Discussion

3.1 Prevalence of SCT in Gabon

Haemoglobin genotypes were obtained for 4,250 volunteers. The HbC allele was found in a unique individual who was a migrant from Ghana, and was excluded in all subsequent analyses, leaving 4,249 samples (Table I). This is in agreement with other studies showing that the common allele of abnormal haemologlobin responsible for SCD in central Africa is the Bantu genotype (HbS/HbS) (Kéclard et al 1996, Ojwang et al 1987, Oner et al, 1992).

The global SCT prevalence in Gabon was 21.1% (895/4,249) in persons older than 15 years of age. This result is consistent with that observed in malaria transmission areas of central Africa where SCT prevalence ranges from 5% to 40% according to (Diallo & Tchernia, 2002) or from 19 to 25% according to (Piel et al 2010). No HbS-homozygous person was present in the dataset, suggesting that survival after 15 years is very low. This is consistent with previous studies, which reported a peak of mortality among SCD children between 1 and 3 years of age (Leikin et al 1989) or under the age of 5 years (Labie & Elion 2010).

When computed separately for the nine provinces, SCT prevalence ranged from 13% to 28% (Table I). Differences of SCT prevalence between provinces were significant (Chi-squared = 64.5 on 8 df, P-value < 0.0005) (Figure 1 & Figure 2A). High prevalences are concentrated in a North-South strip in the center of the country (Figure 1). The high SCT prevalence observed in some Gabonese provinces is similar to what is observed in many African Negro tribes, for example in the Democratic Republic of the Congo where it is about 10 to 20% (Tshiholo 2009).

Malaria pressure can be a factor explaining the differences in SCT prevalence observedin Gabon. The traditional example of balancing selection known as the "malaria hypothesis" (Haldane 1949) assumed that the allele responsible for sickle haemoglobin (HbS) can reach high frequencies because of resistance against malaria by heterozygous carriers. The high SCT prevalence in our dataset (21%) could be the result of historical or recent selective pressure of malaria in Gabon. Indeed, Gabon is characterized by a hot and wet climate favoring the development of Anopheles mosquitoes, and is thus an hyper-endemic area for malaria transmission (Piel et al 2010). However, there was no association between SCT and malaria, as assessed by thick blood film, at the individual level (logistic regression OR = 0.93, P-value = 0.67), or beween SCT and malaria prevalences at the level of the village (linear regression, P-value = 0.14) or province (linear regression, P-value = 0.46). However, that doesn't rule out the role of malaria in selecting for the HbS allele. One reason is that only healthy people were included in the study, thus excluding an unknown number of malaria patients. Another reason is that thick blood film has a low sensitivity for Plasmodium infection, especially in healthy people (Ndao et al 2004). And finally, selective pressures act on a long time scale, so that the geographical distribution of SCT may be correlated with past geographical distribution of malaria.

3.2 SCT and population group

Two population groups were identified in this study: Bantu (a group of sedentary farmers) and Pygmy (a group of current and former hunter-gatherer people of central Africa forest). SCT prevalence was 21.7% (860/3,959) for the Bantu population, and 12.1% (35/290) for the Pygmy population. The difference was significant (Chi-squared = 14.6 on 1 df, P- value = 0.00013). Malaria prevalence was 6.2% (248/3,959) for the Bantu population, and 1.7% (5/290) for the Pygmy population. The difference was significant (Chi-squared = 9.2 on 1 df, P-value = 0.0025).

Differences in lifestyles can easily account for this difference. Malaria is believed to have spread in human communities as they settled to practice agriculture, thereby increasing their densities and becoming a valuable resource for mosquitoes (Ayala 2007). Pygmy communities, staying away from agricultural settlement, may have been less exposed to malaria. It is only recently that, because of the development of forestry, agricultural projects and the establishment of protected areas, all restricting their access to forest resources, Pygmies have left the forest. On the contrary, Bantu populations have a long history of contact with Plasmodium species.

Another possible explanation is that Pygmy populations, although in contact with malaria, may have developped traditional pharmacological treatments, not available to Bantu populations, thereby lowering the selective pressure in favor of the HbS/HbA genotype.

Still another possibility is that on the contrary, Pygmy children and adolescent be more at risk of dying from SCT-related causes, because of a lesser access to healthcare and/or of a more active behaviour. It is indeed known that SCT carriers have a greater risk of dying from a number of diseases (see Tsaras et al 2009 for a review), especially in relation to exertion (Harmon et al 2011).

What is not known is what the SCT prevalence among Pygmies was before they left the forest, and had closer contact with neighboring Bantu farmers. Indeed this change of lifestyle and habitat led to marriages between the two populations groups (Bantu and Pygmy) and hence a gene flow between these groups, having more impact on the less numerous Pygmy population (Quintana-Murci et al 2008).

In any case, the pygmy population in its new environment is very vulnerable, and subject to the emergence of many health problems, due to the increase of exposure to mosquito bites because of increase of population density and lack of hygiene (Froment 2001, Sarno 1993).

3.3 SCT and Sex

In the whole dataset, prevalence was 21.4% (478/2,230) for women and 20.7% (417/2,019) for men. This difference was not significant (Chi-squared = 0.34 on 1 df, P-value=0.55).

Since HbS is an autosomal allele (Guberti et al 1984, Jastaniah 2011, Kumar et al, 2012), there is no difference in the susceptibility of each sex to inherit sickle cell trait from their parents (Neel 1949). The lack of difference between sexes in SCT prevalence among persons older than 15 shows that there is no difference in the protective effect of SCT against malaria-associated mortality between sexes.

3.4 SCT and Age

Age, being a continuous variable was studied via logistic regression. Age was significantly associated with SCT (odds-ratio for an increase of 10 years in age = 1.063, 95% confidence interval = (1.0095 - 1.1194), P-value = 0.020). The most striking result is that there was no homozygous HbS/HbS person in the dataset. Given that the overall HbS allele frequency is 10.5% (one half of the 21.1% SCT prevalence), and assuming random mating with respect to the beta-globin gene, the frequency of homozygous HbS/HbS births must be around 1%. If there was no difference in mortality between HbS/HbS and HbA/HbA genotypes, in a sample of 4249 persons, we should observe on average 42~43 HbS/HbS (95% confidence interval (30 - 56)), whereas we observe 0. This implies that there is a much greater mortality among HbS/HbS than among heterozygotes (HbA/HbS) and HbA/HbA persons.

The second result is that there is a significant increase in SCT prevalence with age (logistic regression, odds-ratio=1.06 per 10-year increase of age, P-value=0.016). Figure 2B shows the prevalence by 10-year age class, notice however that the regression was done on the exact ages of patients. This phenomenon could be explained by the fact that SCT continues to provide resistance against malaria and so SCT carrier have a better survival than HbA/HbA. However, confounding effects like demography could generate such a signal and so further studies have to be performed.

4. *Conclusion*

This study showed that SCT is not distributed uniformly across Gabon. There is also a marked difference between the two population groups, namely Bantu and Pygmy. These findings could provide guidance to the public health authorities for the positioning of medical facilities and the targeting of information campaigns. They could be used to help forecast future patterns of SCD prevalence, given the present population movements inside the country, or across central African countries if this study were extended to the subcontinent

5. Declaration of Interest

The authors have no declaration of interests to report.

Funding

Field and lab work were funded by Centre International de Recherches Medicales de

Franceville (CIRMF, Gabon), Centre National de la Recherche Scientifique (CNRS, France),

Institut de Recherche pour le Développement (IRD, France) and Agence Nationale de la

Recherche (ANR, France, grant ORIGIN JCJC 012)

Acknowledgments

Lucrèce Délicat-Loembet wishes to thank André DELICAT, Estelle Sonia NZANG

EDOU for technical help and Fousseyni TOURÉ NDOUO, Jean Bernard LEKANA, Marie

Madeleine BOUEGNI Sulpice DELICAT, Rose-Aimée YEMBIT and Régis LOEMBET for their advice. Dr Luca Sica wishes to thank Dr Krishnamoorthy Rajagopal for his support. The

authors thank CNRS, CIRMF and IRD for general support, and AIEA for the funding of the

Center for Sickle-Cell screening in Libreville, Gabon. Finally, the authors wish to thank the

anonymous reviewers for their very constructive comments.

References

Ayala FJ. Evolutionary History of the Malaria Parasites. In Encyclopedia of Infectious Diseases. Edited by Tibayrenc M. New York: J Wiley; 2007:175-187.

Becquart P, Wauquier N, Mahlakoiv T, Nkoghe D, Padilla C. High prevalence of both humoral and cellular immunity to Zaire ebolavirus among rural populations in Gabon. PLoS One 2010;5(2): e9126.

Diallo D, Tchernia G. Sickle cell disease in Africa. Curr Opin Hematol 2002;9(2): 111-116. Froment A. Evolutionary biology and health of hunter-gatherer populations. In Hunter-gatherers: an interdisciplinary perspective. Edited by Panter-Brick C, Layton RH Rowley-Conwy P. Cambridge, UK, Cambridge University Press; 2001:239-266.

Gelpi AP. Migrant populations and the diffusion of the sickle-cell gene. Ann Intern Med 1973;79:258-264.

Guberti A, Marchi M, Tartari S, Pavani A, Franchella A et al. Anesthesia and sickle cell disease. Minerva Med 1984;75(43): 2617-2621.

Haldane JBS. Disease and evolution. Ric Sci Suppl 1949;19: 68-76.

Harmon KG, Asif IM, Klossner D, Drezner JA. Incidence of sudden cardiac death in national collegiate athletic association athletes. Circulation 2011;123:1594-1600.

Ingram VM. A specific chemical difference between the globins of normal human and Sickle Cell Anemia haemoglobin. Nature 1956;180:326-328.

Jastaniah W. Epidemiology of sickle cell disease in Saudi Arabia. Ann Saudi Med 2011;31(3): 289-93.

Kéclard L, Ollendorf V, Berchel C, Loret H, Mérault G. beta S haplotypes, alpha-globin gene status, and hematological data of sickle cell disease patients in Guadeloupe (F.W.I.). Hemoglobin 1996;20(1):63-74.

Komba AN, Makani J, Sadarangani M, Ajala-agbo T, Berkley JA et al. Malaria as a Cause of Morbidity and Mortality in Children with Homozygous Sickle Cell Disease on the Coast of Kenya. Clin Infect Dis 2010;49(2):216-222.

Kulozik AE, Wainscoat JS, Serjeant GR, Kar BC, Al-Awamy B et al. Geographical survey of beta S-globin gene haplotypes: evidence for an independent Asian origin of the sickle-cell mutation. Am J Hum Genet 1986;39:239-244.

Kumar R, Panigrahi I, Dalal A, Agarwal S. Sickle cell anemia - molecular diagnosis and prenatal counseling: SGPGI experience. Indian J Pediatr 2012;79(1): 68-74.

Labie D, Elion J. The problem of sickle cell disease in Africa. Med Trop 2010;70(5-6): 449-453.

Lehman H, Huntsman RG. Man‟s haemoglobins: including the haemoglobinopathies and their investigation. Amsterdam: North Holland; 1974 479 p.

Leikin SL, Gallagher D, Kinney TR, Sloane D, Klug P et al. Mortality in children and adolescents with sickle cell disease. Cooperative Study of Sickle Cell Disease. Pediatrics 1989;84(3): 500-508.

Makani J, Cox SE, Soka D, Komba AN, Oruo J et al. Mortality in sickle cell anemia in Africa: a prospective cohort study in Tanzania. PLoS one 2011;6(2):e14699.

Modell B, Darlison M. Global epidemiology of haemoglobin disorders and derived service indicators. Bull World Health Organ 2008;86(6):480-487.

Modiano D, Bancone G, Ciminelli BM, Pompei F, Blot I et al. Haemoglobin S and haemoglobin C: „quick but costly‟ versus „slow but gratis‟ genetic adaptations to Plasmodium falciparum malaria. Hum Mol Genet 2008;17(6):789-799.

Ndao M, Bandyayera E, Kokoskin E, Gyorkos TW, MacLean JD, Ward BJ. Comparison of Blood Smear, Antigen Detection, and Nested-PCR Methods for Screening Refugees from

Regions Where Malaria Is Endemic after a Malaria Outbreak in Quebec, Canada. J Clin Microbiol 2004;42(6):2694-2700.

Neel JV. The Inheritance of Sickle Cell Anemia. Science 1949;110:64-66.

Njouom R, Caron M, Besson G, Ndong-Atome GR, Makuwa M et al. Phylogeography, risk factors and genetic history of hepatitis C virus in Gabon, central Africa. PLoS One 2012;7(8), e42002.

Nkoghe D, Akue JP, Gonzalez JP, Leroy EM. Prevalence of Plasmodium falciparum infection in asymptomatic rural Gabonese populations. Malaria Journal 2011;10(33):1-4.

Ojwang PJ, Ogada T, Beris P, Hattori Y, Lanclos KD et al. Haplotypes and alpha globin gene analyses in sickle cell anaemia patients from Kenya. Br J Haematol 1987;65:211-215.

Oner C, Dimovski AJ, Olivieri NF, Schiliro G, Codrington JF et al. Beta S haplotypes in various world populations. Hum Genet 1992;89:99-104.

Piel FB, Patil AP, Howes RE, Nyangiri OA, Gething PW et al. Global distribution of the sickle cell gene and geographical confirmation of the malaria hypothesis. Nat Commun 2010;104:1-7.

Platt OS, Brambilla DJ, Milner PF, Castro O, Steinberg MH et al. Mortality in Sickle Cell Disease Live Expectancy and Risk Factor For Early Death. N Engl J Med 1994;330(23):1639-1644.

Quintana-Murci L, Quach H, Harmant C, Luca F, Massonnet B et al. Maternal traces of deep common ancestry and asymmetric gene flow between Pygmy hunter-gatherers and Bantu-speaking farmers. Proc Natl Acad Sci 2008;105(5):1596-1601.

R Core Team. R: A language and environment for statistical computing. R Foundation for Statistical Computing, Vienna, Austria : ISBN 3-900051-07-0, URL 2013 http://www.R-project.org/.

Sarno L. Song from the forest: my life with with the ba-Banjelle Pygmies. Boston: HoughtonMifflin; 1993 320p.

Serjeant GR. The emerging understanding of sickle cell disease. Br J Haematol 2001;112: 3-18.

Siguret V, Andreux JP. Diagnostic biologique des hémoglobinopathies par analyse duphénotype. Ann Biol Clin 1997;55: 103-112.

Tatu T, Gategasem P, Hathirat P. Hemoglobin typing by high performance liquidchromatography. Southeast Asian J Trop Med Public Health 1997;28(2): 417-423.

Tsaras G, Owusu-Ansah A, Owusa Boateng F, Amoateng-Adjepong Y. Complications associated with Sickl Cell Trai: A brief narrative review. Am J Med 2009;122(6):507-512.

Tshilolo L. Etude du profil protéique de 45 enfants drépanocytaires homozygotes congolais. Ann Biol Clin 2009;67(6):607-612.

Ware RE. Is sickle-cell anemia a neglected tropical disease? PLoS Negl Trop Dis 2013;7(5): e2120.

Weatherall D, Akinyanju O, Fucharoen S, Olivieri N, Musgrove P. Inherited Disorders of Hemoglobin. In Disease Control Priorities in Developing Countries 2nd edition. Edited by Jamison D. New York: Oxford University Press; 2006:663-680.

Figures captions

Figure 1:

Map of Gabon. Black dots : sampled villages. Dotted lines : province limits. Colors : SCT

prevalence, from pale yellow (low prevalence) to dark red (high prevalence). To generate this

map, at each cell of a 200x200 grid covering the country, a prevalence was computed from

the pooled populations of all villages within a 0.5 degree of latitude/longitude radius. See legend of table I for the abbreviated names of the provinces.

Figure 2:

(A) SCT prevalence by province : see legend of table I for the abbreviated names of the

provinces.

(B) SCT prevalence by age class.

Table I - SCT prevalence by province.

province	Est	HtOg	MoyOg	Ngo	Nya	OgIv	OgLo	OgMar	WolN	Total
nb villages	8	18	29	22	22	34	15	10	34	210
carriers	80 (27.2%)	46 (12.8%)	106 (18.5%)	112 (24.6%)	99 (23.9%)	86 (14.5%)	119 (28.2%)	31 (15.1%)	216 (23.2%)	895 (21.78%)
non carriers	214	313	467	344	315	509	303	174	715	3354

Table I:

Number of SCT carriers and non-carriers per province (SCT prevalence in parentheses). Estuaire

(Est), Haut-Ogoouée (HtOg), Moyen-Ogoouée (MoyOg), Ngounié (Ngo), Nyanga (Nya), Ogouée-

Ivindo (OgIv), Ogoouée-Lolo (OgLo), Ogoouée-Maritime (OgMar), Woleu-Ntem (WolN).

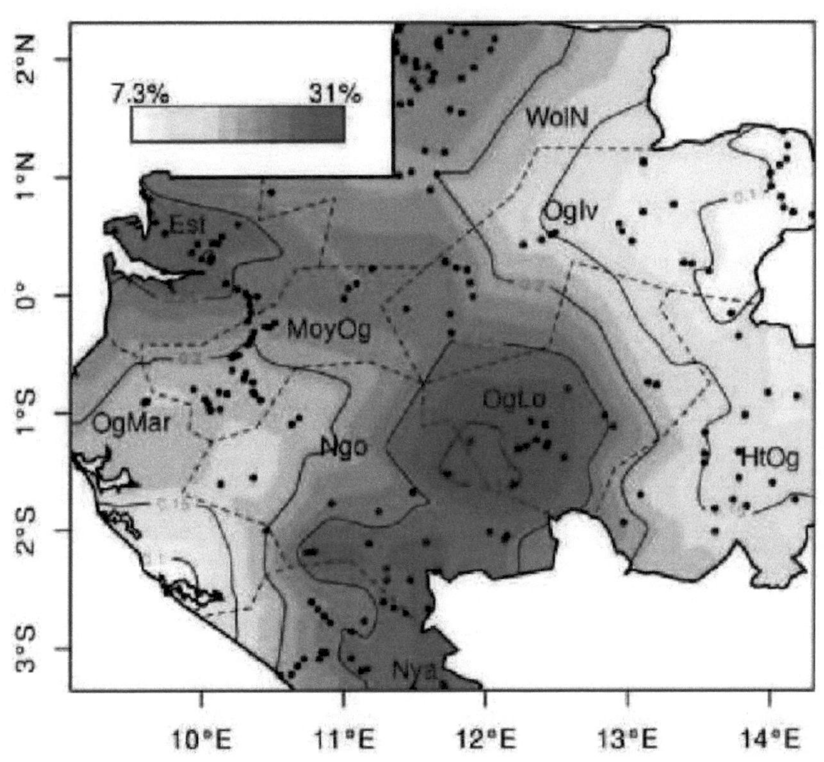

7.3%
31%
2°N
1°N
0°
1°S
2°S
3°S
10°E
11°E
12°E
13°E
14°E
WolN
OgIv
Est
MoyOg
OgMar
OgLo
Ngo
HtOg
Nya

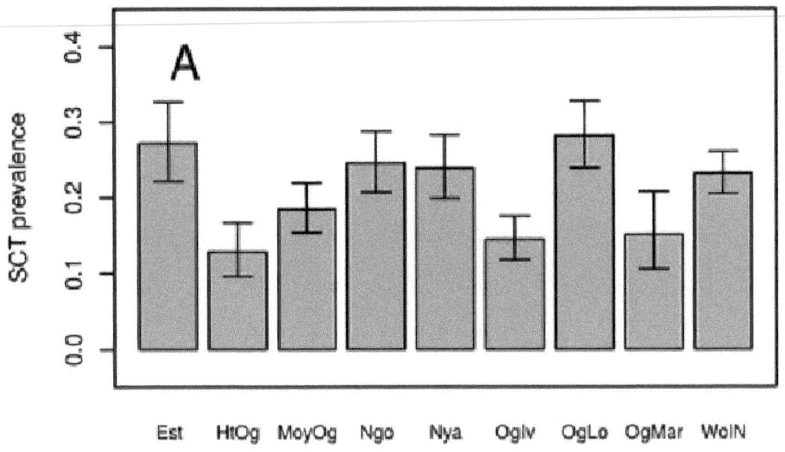
A
SCT prevalence
0.4
0.3
0.2
0.1
0.0
Est
HtOg
MoyOg
Ngo
Nya
OgIv
OgLo
OgMar
WolN

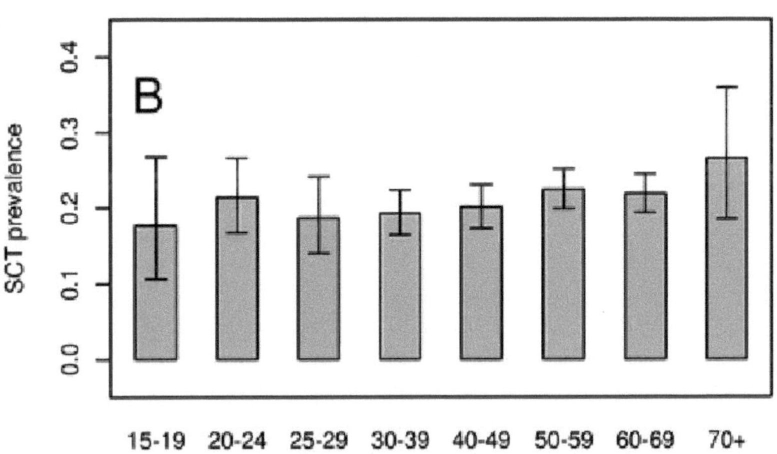
B
SCT prevalence
0.4
0.3
0.2
0.1
0.0
15-19
20-24
25-29
30-39
40-49
50-59
60-69
70+

DEUXIEME CHAPITRE: TRANSMISSION DE PLASMODIUM DE PRIMATES NON-HUMAIN A L'HOMME

II. ETUDE II

AUCUNE PREUVE D'INFECTIONS DE PLASMODIUM DE SINGES CHEZ L'HOMME AU GABON

Les apparitions de maladies zoonotiques ont quasiment quadruplé pendant les 50 dernières années avec 60% d'apparitions chez les animaux suivi d'une transmission chez l'homme. La majorité de ces maladies zoonotiques proviennent d'animaux sauvages. Ceci suggère que l'augmentation de la destruction et de la fragmentation de l'habitat par l'homme a permis le contact de l'homme avec de plus en plus de pathogènes particulièrement dans les régions riches en biodiversité comme les tropiques.

En raison de la proche proximité entre des grands singes et des gorilles avec l'homme, ces animaux peuvent servir de sources de différents pathogènes humains, comme le suggèrent des récents cas de SIDA et de fièvre EBOLA. L'émergence de ces maladies et de bien d'autres est liée à l'interface toujours croissant entre la faune et la flore tropicale et les populations humaines. Les primates non-humains ont toujours vécu dans les habitats forestiers tropicaux, la plupart des contacts humains et primates non-humains se produisent dans cette interface à haut risque qui a récemment augmenté en raison de l'empiètement forestier.

Le genre *Plasmodium*, responsable de la malaria est l'un des pires fléaux de l'humanité et représente un groupe à risque pour plusieurs raisons. D'abord c'est une maladie portée par un vecteur et les maladies transmises par des vecteurs sont responsables d'un tiers de nouvelles maladies infectieuses émergentes chez l'homme. Deuxièmement, l'histoire de l'évolution du genre *Plasmodium* montre une capacité à transformer l'homme en hôte, spécialement entre les primates non-humains et les humains ce qui souligne leur capacité à traverser les barrières d'espèces. Ces capacités ont été mises en évidence dans notre histoire récente comme en 2004 où une autre espèce de *Plasmodium* traditionnellement connue pour infecter les macaques, *P. knowlesi*, ont montré qu'elle est la cause d'environ 70% d'infection à la malaria chez l'homme dans certaines parties de l'Asie du Sud-Est. Actuellement il est considéré comme le cinquième parasite responsable de la malaria chez l'homme. Il semble clair à présent que ceci montre qu'un contact croissant entre l'homme et les macaques a favorisé ce transfert.

Le genre *Plasmodium* est répandu chez les grands singes. Récemment, plusieurs études ont ré-exploré la diversité d'espèces de *Plasmodium* circulant chez les grands singes en Afrique. Ils ont montré que les gorilles et les chimpanzés hébergent plusieurs espèces de *Plasmodium* incluant les espèces très proches des agents pathogènes responsables de la malaria chez l'homme (Prugnolle et al 2011 ; Rayner JC et al 2011). Parmi les espèces apparentées à *P. falciparum* et classés dans les sous-genres *Laverania*, ont été montré que trois espèces infectent uniquement les chimpanzés (*P. Gaboni, P. billcollinsi et P. reichenowi*) et d'autres infectant seulement les gorilles (*P. GorA- syn, P. adleri , P. gorB -syn, P. blacklocki et P. praefalciparum*). Mais plus important encore, ils ont montré que *P. falciparum*, l'espèce la plus virulente de toutes, est très probablement apparu suite à un transfert de *P. praefalciparum* de gorilles à l'homme (Liu W et al., 2010). Pour les espèces liées à P. malariae, P. ovale et P. vivax (que nous appellerons P. *malariae-like, P. ovale-comme et P. vivax-like*), ils sont classés dans les sous-genres *Plasmodium*. Bien que pour *P. ovale et P. malariae*, il y a très peu d'informations sur leur origine, voire inexistante, pour *P. vivax*, des études récentes suggèrent que son origine est soit le résultat d'un transfert à l'homme de parasites de singes asiatiques ou singes africains (Prugnolle et al., 2013 ; Liu W et al., 2014).

A la lumière de ces découvertes, plusieurs auteurs ont suggéré la possibilité que les grands singes puissent constituer les réservoirs d'infections humains.

Seulement une étude récente a exploré cette hypothèse au Cameroun et n'a trouvé aucune preuve d'infection de *Plasmodium* de singes chez l'homme (Sundararaman SA et al., 2013). Cependant leur travail, n'était circonscrit qu'à une petite zone de répartition des grands singes à l'Ouest de l'Afrique centrale et au Cameroun. Les échantillons humains ne concernaient qu'un petit nombre limité de personnes recueillies dans huit villages différents.

Matériels et Méthodes

Dans la présente étude, nous avons évalué les possibilités de transmissions chez l'Homme, des espèces de *Plasmodium* de singes à l'aide d'une banque de 4281 échantillons de sang humain recueillis à partir de 210 villages du Gabon (environ 1/10 ème des villages du Gabon). Le Gabon représente près de la moitié de la gamme de chimpanzés de l'Ouest et des gorilles d'Afrique centrale et ce pays est caractérisé par une forte endémicité de la malaria. L'identification des espèces de *Plasmodium* infectant chaque individu positif pour la malaria a été réalisée en utilisant le séquençage de nouvelle génération 454 (GS FLX-Titanium afin de nous permettre d'évaluer le potentiel zoonotique de *Plasmodium* de singe.

Résultats

- Nous avons examiné 4281 échantillons sanguins dont 2255 étaient porteurs d'une espèce de *Plasmodium*. Comme indiqué, la plupart des individus hébergent au moins l'un des *Plasmodium* humain: 99,4% sont infectés par *P. falciparum*, 47,6% par *P. malariae* et 9,9% par *P. ovale*. Une proportion non négligeable d'individus est également porteuse de *P. vivax*, une espèce censée être absente de l'Afrique Centrale. D'autres humains sont infectés par certains *Plasmodium* de singes, tels que *P. gaboni, P. reichenowi* et *P. billocollinsi* de chimpanzés, *P. Gora* (syn. *P. adleri*), *P. Gorb* (syn: *P. blacklocki*) de gorilles. Néanmoins, aucune de ces espèces n'est représentée en forte proportion dans aucun des échantillons. Ceci suggère donc que leur présence pourrait s'expliquer soit par contamination croisée, la commutation des « tag » et / ou des mutations artificielles ;

- La présence de *P. vivax* ou certaines espèces de *Plasmodium* de primates non-humains dans les échantillons humains analysés pourrait donc être expliquée, au moins en partie, par la contamination croisée de nos contrôles positifs utilisés pendant la PCR ;

- Dans notre jeu de données, près de 2% des individus humains sont infectés par *P. praefalciparum* qui normalement infectent uniquement les gorilles. Bien que, dans une certaine mesure, la présence de ce type de *Plasmodium* chez certains individus pourrait s'expliquer par la contamination croisée et / ou la mutation des « tags » des contrôles positifs, ces phénomènes ne sont pas suffisantes pour expliquer une telle proportion élevée de personnes infectées par *P. praefalciparum*. L'histoire sur l'origine et de l'évolution de *P. falciparum* dit que ce dernier proviendrai d'un ancêtre de *Plasmodium* de gorille et que *P. falciparum* et *P. praefalciparum* sont identiques sur la portion du cytochrome b et très proches moléculairement (Linda Duval 2012). Ceci pourrait expliquer un tel pourcentage de la présence de *P. praefalciparum* chez certains individus.

AUCUNE PREUVE D'INFECTIONS DE PLASMODIUM DE SINGES CHEZ
L'HOMME AU GABON

Article 2: No evidence for ape *Plasmodium* infections in humans in Gabon.

Lucresse Délicat-Loembet[1][⊗][*], Virginie Rougeron[1,2][⊗][*], Benjamin Ollomo[1][‡],
Céline Arnathau[2,3], Benjamin Roche[4], Eric Elguero[2], Nancy Diamella
Moukodoum[1], Alain-
Prince Okougha[1], Bertrand Mve Ondo[1], Larson Boundenga[1], Sandrine Houzé [6,7],
Maxime Galan[5], Dieudonné Nkoghé[1], Eric M. Leroy[1,2], Patrick Durand[2,3],
Christophe Paupy[2], François Renaud[2,3][‡], Franck Prugnolle[1,2][‡][*]

1 Centre International de Recherches Médicales de Franceville, CIRMF, BP
769, Franceville, Gabon, 2 MIVEGEC (UMR CNRS/IRD/UM 5290), 911
avenue Agropolis, 34394, Montpellier, Cedex 5, France, 3 CHRU de
Montpellier, 39 Avenue Charles Flahault, 34295, Montpellier, France, 4 Unité
de Modélisation Mathématique et Informatique des Systèmes Complexes (UMI
IRD/UPMC 209), Institut de Recherche pour le Développement, 32 avenue
Henrl Varagnat, 93140, Bondy, France, 5 INRA, UMR1062 CBGP, avenue du
Campus Agropolis, 34980, Montferrier-sur-Lez, France, 6 Laboratoire de
Parasitologie-Mycologie, Hôpital Bichat-Claude Bernard, 46 rue Henri Huchard,
75018, Paris, France, 7 Unité Mixte de Recherche 216 IRD, Université Paris
Descartes, 12 rue de l'Ecole de Médecine, 75006, Paris, France

⊗ These authors contributed equally to this work.
‡ These authors co-managed this work.
* delicatlurce@gmail.com (LDL); rougeron.virginie@gmail.com (VR);
franck.prugnolle@ird.fr (FP)

Abstract

African great apes are naturally infected by a multitude of *Plasmodium* species most of them recently discovered, among which several are closely related to human malaria agents. However, it is still unknown whether these animals can serve as source of infections for humans living in their vicinity. To evaluate this possibility, we analyzed the nature of *Plasmodium* infections from a bank of 4281 human blood samples collected in 210 villages of

Gabon, Central Africa. Among them, 2255 were detected positive to *Plasmodium* using molecular methods (Plasmodium Cytochrom b amplification). High throughput sequencing technology (454 GS-FLX Titanium technology, Roche) was then used to identify the *Plasmodium* species present within each positive sample. Overall, we identified with confidence only three species infecting humans in Gabon: *P. falciparum, P. malariae and P. ovale*. None of the species known to infect non-human primates in Central Africa was found. Our study shows that ape *Plasmodium* parasites of the subgenus Laverania do not constitute a

frequent source of infection for humans. It also suggests that some strong host genetic barriers

must exist to prevent the cross species transmission of ape *Plasmodium* in a context of ever increasing contacts between humans and wildlife.

Author summary

Almost 60% of emerging diseases originate from wildlife. In such context, it becomes crucial to develop efficient surveillance systems to promptly detect new emerging diseases before they become a public health problem. Zoonotic diseases typically emerge where animals and humans live in close proximity or in areas with large populations of reservoirs or vectors. Focusing surveillance in these areas can improve detection capabilities. Malaria agents circulating in non-human primates represent a group at risk for humans as exemplified by the recent outbreaks of Plasmodium knowlesi (a parasite from macaques) in Southeast Asia. In Africa, several malaria agents infect non-human primates especially great apes. In the

present study, we evaluated the zoonotic potential of these agents by analysing the nature of *Plasmodium* parasites infecting forest-dwelling human populations from 210 villages of Gabon. None of the species known to infect non-human primates in Central Africa was found. Our study shows that ape Plasmodium do not constitute a frequent source of infections for humans in Central Africa. This suggests that some strong host genetic barriers must exist to prevent cross species transmission of ape Plasmodium in a context of ever increasing contacts between humans and wildlife.

1. Introduction

Disease outbreaks have roughly quadrupled over the past 50 years, with 60 percent of "disease emergences" originating in animals and subsequently infecting humans. The majority
of these zoonotic diseases come from wild animals, suggesting that increased fragmentation and destruction of habitats bring humans in contact with more and more pathogens, especially in biodiversity-rich regions like the tropics [1].

Because of their close genetic proximity with humans, great apes and monkeys have the potential to serve as sources of various human pathogens, as exemplified by the recent cases of AIDS and Ebola Fever [2]. The emergence of these and other diseases has been linkedto the always-increasing interface between tropical wildlife communities and human populations [3]. Since most nonhuman primates live in tropical forest habitats, most interactions between humans and wild nonhuman primates occur in this high-risk interface, which has recently increased in particular because of forest encroachment [4].

The genus *Plasmodium*, responsible for Malaria, one of the worst scourges of human mankind, is widespread in primates. For this and other reasons, it represents a group at risk for disease emergence in humans. First, this is a vector-borne disease and vector-borne pathogens are responsible for about one third of the new emerging infectious diseases in humans. Second, the evolutionary history of this genus has shown its potential to switch from host to host, especially between primates and humans, underlying its capacities to cross species barriers. These capacities have been highlighted in our recent history as, in 2004, another *Plasmodium* species; traditionally known to infect macaques, *P. knowlesi*, was reported to cause about 70% of human malaria infections in certain parts of Southeast Asia [5]. It is now considered as the "fifth human malaria parasite". It seems now clear that this is the increasing contacts between humans and macaques that have favored this transfer [5].

Recently, several studies have re-explored the diversity of *Plasmodium* species circulating in great apes in Africa [6–10]. They showed that gorillas and chimpanzees harbored a multitude of *Plasmodium* species, including species very closely related to the human malaria agents, *P. falciparum, P. malariae, P. ovale* and *P. vivax*. (Figure 1A). Among the species related to *P. falciparum* and classified into the subgenus *Laverania*, three species were shown to infect only chimpanzees (*P. gaboni, P. billcollinsi* and *P. reichenowi*) and three only gorillas (*P. gorA- syn, P. adleri, P. gorB –syn, P. blacklocki and P. praefalciparum*). But more importantly, they showed that *P. falciparum,* the most virulent species of all, very likely appeared following a transfer of *P. praefalciparum* from gorillas to humans [11]. For the species related to *P. malariae, P. ovale* and *P. vivax* (which we will refer to *P. malariae*like, *P. ovale*-like and *P. vivax*-like), they are classified in the subgenus *Plasmodium*. Although for *P. ovale* and *P. malariae*, information regarding their origin are very scare if not absent, for *P. vivax*, recent studies suggest that its origin is either the result of a transfer to humans of parasites from Asian monkeys or African apes [9,12].

In light of these different discoveries, several authors suggested the possibility that great apes could constitute reservoirs of infections for humans in Africa [7–10]. Only one recent study, by Sundararaman et al. [13], explored this hypothesis in Cameroon and found no evidence of infections by ape *Plasmodium* in humans. Nevertheless, their work covered only a small area of the distribution of great apes in West Central Africa and in Cameroon as well. In addition, human samples concerned only a limited number of persons collected from only eight different villages.

In the present study, we evaluated the possibility of present ape-to-human transmission of *Plasmodium* species using a large bank of 4281 human blood samples collected from 210 villages of Gabon (~ 1/10 of the Gabonese villages) (Figure 1B). Gabon represents almost half of the range of western chimpanzees and gorillas in Central Africa and this country is characterized by high malaria endemicity [14]. The identification of *Plasmodium* species infecting each positive individual was performed using the next-generation sequencing 454 Titanium approach, allowing us to evaluate the zoonotic potential of ape *Plasmodium*.

2. Results

Of the 4281 human blood samples examined, 2255 harboured an infection with *Plasmodium* (*Plasmodium Cytochrome b* (*Cytb*) amplification). Of these, 1674 passed quality control (amplicon concentration higher than 2ng/µl) and were successfully sequenced by multiplex pyrosequencing (using the 454 GS-FLX Titanium technology, Roche). The average number of reads obtained per individual was 927.7 and 95% of them had between 285 and 1995 reads. Using our pipeline, each read was attributed to one of the reference species (Table S1).

The proportion of individuals harbouring at least one read assigned to one or another species is given in Figure 2. As shown, most individuals carried at least one read assigned to one of the human *Plasmodium*: 99.4% with at least one read of *P. falciparum*, 47.6% with *P. malariae* and 9.9% with *P. ovale*. Several individuals also carried reads belonging to *P. vivax*, a species supposed to be absent from Central Africa [15] as well as reads assigned to nonhuman primate *Plasmodium*, such as *P. gaboni, P. reichenowi* from chimpanzees, or *P. praefalciparum, P. gorA (syn. P. adleri), P. gorB (syn: P. blacklocki)* from gorillas. Nevertheless, these species represent only 0.32% of the reads within positive individuals (range [min=0.03%; max=1.6%]). This thus suggests that their presence could, for their vast majority, be explained by experimental artefacts such as cross-contamination, tag switching and/or artificial mutations. These problems become evident when observing both the negative and the positive controls. Indeed, over the four negative controls (one in each pool), one contained five "Unexpected Reads" ("URs"), belonging to *P. falciparum*. Regarding the eleven positive controls, which were carefully chosen because of their known single-infection, a high proportion of them (90.9%) also harboured reads belonging to a species different from the expected one (see Table S2). This was for example the case for our *P. vivax* control. While this control was isolated from a patient from Thailand, several of its reads were assigned to a species only known to circulate in African apes (here *P. gaboni*). Similarly, in the ape-derived *Plasmodium* positive controls, reads belonging to *Plasmodium* species known to only infect the other ape species or humans were found. In these positive controls, any read belonging to another species than the one expected was therefore considered to be a "UR". This allowed us to determine the proportions that "URs" could represent over the total number of reads obtained per individuals. On average, "URs" represented 0.5% of the reads and up to 2.5% per individuals. All other reads were assigned to the expected species.

In what follows, we explore the role these different experimental artefacts (crosscontamination, tag switching and/or artificial mutations) could play in the presence of "URs" in the Gabonese human samples.

Cross-contamination

One problem with nested PCRs is the possibility of cross-contaminations among wells15. In our experimental design, despite the precautions taken to avoid contaminations during manipulations (one-way sample flow with separated areas, preparation of DNA and PCR mix in a clean UV hood, human and ape samples treated in separate clean rooms), the presence of "URs" (*P. vivax* or some non-human primate *Plasmodium* species reads) in the Gabonese human samples could be due to cross-contamination from our positive controls. If this is the case, we then expect the proportion of "URs" to be higher in PCR plates where positive controls were present than in the other PCR plates (without positive controls). The second amplification round was performed for a total of 31 PCR plates. The positive controls were amplified in four of them at the end of the amplification process. We tested the prediction and, as shown in Figure 3, our results are congruent with it. Indeed, in the PCR plates containing the positive controls, we observed (i) a significantly higher proportion of human individuals containing "URs" (Logistic regression, *P-value*=1.3 10-6) and (ii) a significantly higher mean number of "URs" per individual (ANOVA, *P-value*=2.2 10-16).

Tag switching

If cross-contamination can explain part of the "Unexpected Reads" (URs) in the Gabonese human samples, it cannot be at the origin of all them, especially when the DNA of the individuals never physically interacted with the positive controls (i.e. when these individuals were amplified in different PCR plates, at different times). One possibility to explain these individuals positive to "URs" could then be tag switching [16].

During amplicon pyrosequencing, we incorporated tags at both ends of the amplicons in order to recognize individuals after pooling. The sequences of the different tags and their combinations were primarily chosen to avoid such problems. Indeed, at the worst, a combination of tags was chosen to be different from another combination of tags by at least three substitutions.

After sequencing, we observed that a certain proportion of the resulting sequences possessed novel tags (unexpected tags with mutated nucleotides in the sequence). These reads were obviously discarded from the analyses since they could not be attributed to any individual. These changes in the nature of the tags can be attributable to the known high mutation rate generated by the 454 pyrosequencing process [16]. But were these artificial mutation rates high enough to generate complete switches of tags, leading to a missassignment of a read to an individual?

To test this possibility, we measured the minimal genetic distance between each human sample tag combinations (using the Levenshtein Distance [17]) and the ones used for the non human *Plasmodium* primate and *P. vivax* positive controls. We made the following prediction: if the artificial mutation rate was high enough to generate some switches of tags, then the proportion of tag switches from the positive controls should be higher with the human samples that display combinations of tags that were closer genetically from the positive controls. Results are given in Figure 4 and support our predictions. Indeed, in the PCR plates without the positive controls, the proportion of individuals displaying URs are significantly higher in individuals whose tags showed the smallest distance with the positive controls (Logistic regression, *P-value*=0.001389).

Artificial mutations

In our dataset, almost 2% of the human individuals carried at least one read assigned to *P. praefalciparum*. Although, to some extent, the presence of some of these reads could be explained by cross-contamination and/or tag switching from the positive controls, an ultimate phenomenon could explain such a high proportion of individuals with reads assigned to *P. praefalciparum*: the artificial transformation of *P. falciparum* sequences into *P. praefalciparum* reads. Indeed, given that the 454-derived mutation rate is high and that *P. falciparum* and *P. praefalciparum* only differ by two substitutions in the range of the amplified sequence, there is a possibility that artificial mutations could be at the origin of some of the *P. praefalciparum* reads.

To evaluate this possibility, we analysed the relationship between the number of *P. falciparum* reads sequenced within individuals and the number of *P. praefalciparum* reads, expecting it to be positive in the case random mutation at a constant rate generate the *P. praefalciparum* sequences from the *P. falciparum* ones. Results are shown in Figure 5. They are congruent with our hypothesis as the average number of *P. falciparum* reads is significantly higher in individuals displaying at least one *P. praefalciparum* read (Figure 5,
ANOVA, *P*-value=2.16 10-5).

Experimental artefacts and URs in the human samples

Finally, in order to evaluate the importance of these experimental artefacts in explaining the presence of URs in the human samples, we analysed the relationship between the total number of reads sequenced in the *P. vivax* and ape *Plasmodium* positive controls and the total number of "URs" (*P. vivax* and ape *Plasmodium*) obtained in the human samples. As shown in Figure 6, the number of reads in the positive control is strongly significantly positively correlated with the total number of URs observed in humans, explaining almost 90% of the variations (Spearman correlation test, *P-value*=0.0046, *R2*=0.90).

Human infections

Removing low-frequency reads within each individual is one proposed solution (e.g. [16]) to counteract the different biases generated by this kind of experimental protocol. Based on the percentages of unexpected reads ("URs") detected within our positive controls (up to 2.5%), we here took a conservative 5% as cut-off value. This cut-off value represents the lowest proportion of reads one species must have within an individual to be considered as present in this individual.

Using this cut-off, Gabonese individuals are only infected with *P. falciparum*, *P. malariae* and *P. ovale*. We estimated the prevalence of *P. falciparum*, *P. malariae*, *P. ovale* and of the co-infections within our sample. Over the 1674 positive samples, 76.6% contained only *P. falciparum*, 6.3% *P. malariae* and 0.71% *P. ovale*. Mixed infections represented 16.4% of the samples among which 14.9% were *P. falciparum* / *P. malariae*, 0.53% *P. falciparum* / *P. ovale*, 0.24% *P. malariae* / *P. ovale* and 0.72% *P. falciparum* / *P. malariae* / *P. ovale*. None of the samples contained *P. vivax* or ape *Plasmodium*.

3. Discussion

No evidence of non-human primate *Plasmodium* infecting humans in Gabon

Over 4281 samples distributed all over Gabon, a country representing a large part of the range of western chimpanzees and gorillas, we explored the diversity of *Plasmodium* species infecting human populations living in a forested environment. Of the 1674 *Plasmodium* positive blood samples examined using Next Generation Sequencing methods, there was no evidence of zoonotic infections with any of the six *Laverania* species known to circulate in apes (Figure 1A). Only three *Plasmodium* species historically recognized as human *Plasmodium* were detected in our sampling: *P. falciparum*, *P. malariae* and *P. ovale*. Our results are congruent with results of a recent study realised in Cameroon on a far smaller sampling, in which no evidence of ape *Laverania* infections was detected as well [13].

Our study, in addition to the previous one, suggests therefore that the transmission of nonhuman primate *Plasmodium* to humans is very rare in Central Africa (if not absent), even in populations living in close contact with apes.

Why are such transfers rare? One explanation could be that the vectors of non-human primate *Plasmodium* are not anthropophilic and cannot therefore serve as bridge between humans and non-human primates. This seems however to be at odds with several recent observations. Indeed, although only little information is available on the potential vectors of ape *Plasmodium* [18], among the sylvan mosquito species that were, up to date, found to be infected with ape *Plasmodium*, one species was *Anopheles moucheti*. This species is known to be anthropophilic, a major human *Plasmodium* vector in Central Africa and could thus easily play the role of bridge vector between apes and humans [18]. In addition, at least one transfer of ape *Plasmodium* to human was formerly documented in Africa (a case of an ape *P. vivax*) [9], thus highlighting the possibility that some mosquito species indeed may play the role of bridge between the two categories of hosts.

One explanation could thus be a strong host specificity preventing the transmission of parasites from one host to another. Several experiments of artificial transplantations were made in the past with human and ape *Laverania* species and always failed to induce either an infection or malaria symptoms even in splenectomised animals [10]. Invasion of red cells by the parasites is governed by a set of surface protein interacting with proteins expressed at the surface of the host cells [19]. Several studies suggest that this interaction could be very specific and explain the strong host tropism. In particular, several authors proposed that the

interaction between the *Plasmodium* protein EBA 175 and the host-specific forms of Glycophorin A (GPA) could be responsible in *Laverania* parasites of the strong host specificity [20]. However, a recent study questions the implication of the EBA175-GPA proteins as sole responsible for the host tropism and proposes that species-specific differences
in the interaction between *Plasmodium* RH5 and host Basigin could also be involved. Another recent study suggests that other *plasmodium* RH genes could also be involved in host specificity or adaptation to the vertebrate host (Otto et al. *in press*).

Beyond *Laverania* species apes (gorillas and chimpanzees) are also naturally infected with species of the subgenus *Plasmodium*, namely *P. malariae, P. ovale* and *P. vivax*-like parasites [8,9,11,21,22]. Species of this subgenus are known to be naturally more prone to infect a multiplicity of host species. Thus, several of these species in particular those infecting apes (*P. malariae-like, P. ovale-like and P. vivax-like*) have been shown to be able to induce symptomatic malaria in humans in experimental or accidental infections [9,23]. Our results do not show any evidence of ape to human *P. vivax* transfers in Gabon. For ape *P. malariae* and *P. ovale*, no study has examined their molecular characteristics compared to their human equivalent which make it impossible so far to distinguish them from the human ones. Complementary studies should therefore be done to be able to estimate their zoonotic potential.

No evidence of human *P. vivax* circulation in Gabon

Our results finally suggest the absence of human *P. vivax* naturally circulating in human populations in Central Africa. This is in agreement with previous studies that also failed to molecularly detect *P. vivax* from Central African populations despite immunological evidences of exposure [13,15]. In addition, it has to be noticed that the only transfer of *P. vivax-like* from apes to humans has been described in a European traveller in Central African Republic [9]. In this context, this absence of human *P. vivax* naturally circulating in Central Africa is very likely the result of the high prevalence of Duffy negativity observed in the Central African populations, which is known to confer a high level of resistance to humans against this parasite.

Nevertheless, there is a risk that the situation does not remain the same forever. As previously discussed, great apes constitute a reservoir of *P. vivax* in Central Africa and transfers to humans have been documented in certain occasions [9]. In addition, the contacts
between humans and primates are constantly increasing due to logging, forest encroachment and illegal conservation of animals as pets and there is also more and more evidence that the parasite could evolve alternative pathways to infect Duffy negative persons [24–26]. Finally, non-African Duffy positive human populations live in these regions of the world (immigrants, workers) and are fully susceptible to *P. vivax*.

4. Material and Methods

Forest-dwelling human samples

To explore the diversity of *Plasmodium* species infecting humans in Gabon, we analysed a set of 4281 blood samples (red cell clots) from an existing bank of specimens previously collected for epidemiological studies of various infectious diseases including malaria [27]. The samples were collected between June 2005 and September 2008. Over the entire period, blood collection covered 210 randomly chosen villages from the nine administrative provinces of Gabon (Estuaire, Haut-Ogooué, Moyen-Ogooué, Ngounié, Nyanga, Ogooué-Ivindo,

Ogooué-Lolo, Ogooué-Maritime and Woleu-Ntem) with 10 to 34 villages per province (Figure 1B). In these villages, all healthy volunteers over the age of 15 who had been residing in the village for more than one year were recruited for the study. Our study received the approval of the Gabonese Ministry of Health with a research authorization No. 00093 on these samples in March 15, 2005.

Blood samples were usually collected in the village health care centers into 7-ml vacutener tubes containing EDTA (VWR International, France). The tubes were transported daily to the field laboratory for centrifugation (10min, 2000g). Plasma, buffy coat and red blood cells were stored separately. Samples were preserved at -20°C until the end of the field mission and then transferred on dry ice at the Centre International de Recherches Médicales de Franceville (CIRMF) and kept at -80°C until analysis. Red blood cell samples were then processed for *Plasmodium* detection.

DNA extraction and *Plasmodium Cytb* amplification

For each sample, DNA was extracted from 200µl of red blood cell clot using the DNeasy Blood and Tissue kit (Qiagen, France) according to the manufacturer's recommendations and eluted in 100µl of elution buffer. To screen for *Plasmodium* infections, we tested the 4281 human samples for *Plasmodium Cytochrome b* (*Cytb*) mitochondrial sequences by a nested PCR already described in Ollomo et al [28].

Sample preparation for multiplex 454 sequencing

To identify the *Plasmodium* species present in each positive sample and detect mixed infections even when one species constitutes only a small fraction of the parasite load, we used a deep-sequencing approach. More particularly, we used the 454 GS-FLX Titanium technology (Roche) on multiplexed tagged amplicons of several hundreds of samples amplified for a fragment of 201bp of the *Cytb* gene, containing SNVs (Single Nucleotide Variants) allowing to discriminate humans from ape *Laveranias* as well as *Plasmodium* species from the subgenus *Plasmodium* (see Figure 7) [11].

The target mitochondrial fragment was amplified using the amplicons of the first round of PCR obtained during *Plasmodium* diagnostics. Based on these amplicons, a second round of amplification was performed using the following primers designed for this study (Forward: 5'-WAATTAYCCATGYCCATTRAA-3' and Reverse: 5'-CCWGTWGCYTGCATYTATCT-3'). Forward and reverse primers were designed by adding a GS FLX Titanium Primer sequence 7bp multiplex identifiers (MID) tags published by Galan et al. [29]. Because these MID tags differed from the others by at least three substitutions, they are tolerant to several errors to avoid misassignment of reads. Every 25 µl reaction mix was composed of 12.5 µl of Multiplex PCR mix 2X (Qiagen), 2.5 µl of Q solution (Qiagen), 0.5µl of each tagged primer (10pM each) and, 1 µl of the first PCR product Amplifications were carried out in a thermal cycler using the following reaction conditions: 95°C for 15 min, followed by 35 cycles of 94°C for 30 sec, 51°C for 30 sec, 72°C for 1 min, and a final extension step of 72°C for 10 min. These tagged primers were validated for amplification of sequences of the appropriate length using *P. falciparum* 3D7, *P. malariae, P. ovale* and a set of ape *Plasmodium* (*P. gaboni, P. gorA, P. praefalciparum*) genomic DNA. Each isolate was amplified using a unique combination of forward and reverse MID tags. PCR amplification was confirmed visually by nucleic acid staining (EZ VISIONTM DNA Dye, Ambresco), followed by gel electrophoresis (2% agarose in 0.5x TBE buffer) demonstrating a band of the appropriate size (~ 317bp comprising adaptors). Several positive and negative controls (no

144

template) were used for quality assurance (see Table S3 for the list of the positive controls used in the study).

Amplicon library preparation. The PCR products were first purified using SPRI method (solid-phase reversible immobilization) (Agencourt, AMPure XP). Then, PCR amplicon concentrations were measured using the Quant-iT PicoGreen dsDNA kit per manufacturer's instructions (Invitrogen). Known concentrations of control DNA were prepared as directed by the Roche Technical Bulletin (454 Sequencing Technical Bulletin No. 005-2009). We assayed fluorescence intensity using a Perkin-Elmer VICTOR X3 multilabel plate reader, with fluorescein excitation wavelength of ~480nm and emission of ~520nm wavelength.

454 GS-FLX Titanium sequencing approach. We prepared four PCR amplicon library pools, each containing equimolar amounts of up to 700 PCR amplicons with unique MID tag combinations. These four pools were sequenced in forward and reverse directions on segregated regions of one full 454 plate using GS FLX Titanium chemistry (Roche). Sequencing was performed by Beckmann Coulter Genomics (Danvers, MA, USA).

Sequence analysis pipeline. A custom pipeline was developed to de-multiplex, de-noise and remove PCR and sequencing artefacts from the *Cytb* reads. Sff-files obtained from each region on the 454-plate were divided into smaller isolate specific sff-files by identification of reads with exact matching MID sequences in both ends. Ambiguous primer sites were then identified (exact match) and trimmed off the flowgrams and reverse reads were reverse complemented. Forward and reverse reads were then combined to take advantage of bidirectional amplicon sequencing, since the forward read has the highest quality in the 5'-end of the target sequence, and the reverse read improves the 3'-end quality. For each individual, each read was aligned to a set of reference sequences (Table S1) by Muscle program [30] and then BLAST against these references for species assignment using the BLASTn program. The maximal *e*-value was retained for each read. Reads were discarded if they had a similar BLAST score (similar maximal *e*-value) for two reference sequences belonging to two different *Plasmodium* species. For the others, each read was assigned to the species for which it obtained the highest score.

Acknowledgements

We thank F. Cerqueira et E. Desmarais for their assistance at the Plateforme Génotypage- Séquençage, Université Montpellier 2, France. Authors thank CNRS, IRD as well as the CIRMF for their financial support. This project was also supported by the ANR JCJC SVE 2012 ORIGIN.

References

1. Jones KE, Patel NG, Levy MA, Storeygard A, Balk D, et al. (2008) Global trends in emerging infectious diseases. Nature 451: 990–993. doi:10.1038/nature06536.

2. Gonzalez JP, Prugnolle F, Leroy E (2013) Men, primates, and germs: an ongoing affair. Curr Top Microbiol Immunol 365: 337–353. doi:10.1007/82_2012_304.

3. Despommier D (2007) Human Parasitic Diseases Sourcebook. By SA Berger and JS Marr, pp. 537. Jones & Bartlett Publishers Inc. USA, 2006. ISBN 0 7637 2962 0.\pounds 29.99. Cambridge Univ Press. Available: http://journals.cambridge.org/abstract_S0031182006242033. Accessed 21 July 2014.

4. Wolfe ND (2005) Bushmeat Hunting, Deforestation, and Prediction of Zoonotic Disease Emergence. Emerg Infect Dis 11: 1822–1827. doi:10.3201/eid1112.040789.

5. Cox-Singh J, Davis TME, Lee K-S, Shamsul SSG, Matusop A, et al. (2008) Plasmodium knowlesi malaria in humans is widely distributed and potentially life threatening. Clin Infect Dis Off Publ Infect Dis Soc Am 46: 165–171. doi:10.1086/524888.

6. Prugnolle F, Ollomo B, Durand P, Yalcindag E, Arnathau C, et al. (2011) African monkeys are infected by Plasmodium falciparum nonhuman primate-specific strains. Proc Natl Acad Sci U S A 108: 11948–11953. doi:10.1073/pnas.1109368108.

7. Prugnolle F, Durand P, Ollomo B, Duval L, Ariey F, et al. (2011) A fresh look at the origin of Plasmodium falciparum, the most malignant malaria agent. PLoS Pathog 7: e1001283. doi:10.1371/journal.ppat.1001283.

8. Prugnolle F, Durand P, Neel C, Ollomo B, Ayala FJ, et al. (2010) African great apes are natural hosts of multiple related malaria species, including Plasmodium falciparum. Proc Natl Acad Sci U S A 107: 1458–1463. doi:10.1073/pnas.0914440107.

9. Prugnolle F, Rougeron V, Becquart P, Berry A, Makanga B, et al. (2013) Diversity, host switching and evolution of Plasmodium vivax infecting African great apes. Proc Natl Acad Sci U S A 110: 8123–8128. doi:10.1073/pnas.1306004110.

10. Rayner JC, Liu W, Peeters M, Sharp PM, Hahn BH (2011) A plethora of Plasmodium species in wild apes: a source of human infection? Trends Parasitol 27: 222–229. doi:10.1016/j.pt.2011.01.006.

11. Liu W, Li Y, Learn GH, Rudicell RS, Robertson JD, et al. (2010) Origin of the human malaria parasite Plasmodium falciparum in gorillas. Nature 467: 420–425. doi:10.1038/nature09442.

12. Liu W, Li Y, Shaw KS, Learn GH, Plenderleith LJ, et al. (2014) African origin of the malaria parasite Plasmodium vivax. Nat Commun 5: 3346. doi:10.1038/ncomms4346.

13. Sundararaman SA, Liu W, Keele BF, Learn GH, Bittinger K, et al. (2013) Plasmodium falciparum-like parasites infecting wild apes in southern Cameroon do not represent a recurrent source of human malaria. Proc Natl Acad Sci U S A 110: 7020–7025. doi:10.1073/pnas.1305201110.

14. Nkoghe D, Akue J-P, Gonzalez J-P, Leroy EM (2011) Prevalence of Plasmodium falciparum infection in asymptomatic rural Gabonese populations. Malar J 10: 33. doi:10.1186/1475-2875-10-33.

15. Culleton R, Ndounga M, Zeyrek FY, Coban C, Casimiro PN, et al. (2009) Evidence for the transmission of Plasmodium vivax in the Republic of the Congo, West Central Africa. J Infect Dis 200: 1465–1469. doi:10.1086/644510.

16. Carlsen T, Aas AB, Lindner D, Vrålstad T, Schumacher T, et al. (2012) Don't make a mista(g)ke: is tag switching an overlooked source of error in amplicon pyrosequencing studies? Fungal Ecol 5: 747–749. Available: http://www.sciencedirect.com/science/article/pii/S1754504812000918. Accessed 21 July 2014.

17. Levenshtein VI (1966) Binary Codes Capable of Correcting Deletions, Insertions and Reversals. Sov Phys Dokl 10: 707. Available: http://adsabs.harvard.edu/abs/1966SPhD...10..707L. Accessed 4 September 2014.

18. Paupy C, Makanga B, Ollomo B, Rahola N, Durand P, et al. (2013) Anopheles moucheti and Anopheles vinckei are candidate vectors of ape Plasmodium parasites, including Plasmodium praefalciparum in Gabon. PloS One 8: e57294. doi:10.1371/journal.pone.0057294.

19. Wright GJ, Rayner JC (2014) Plasmodium falciparum erythrocyte invasion: combining function with immune evasion. PLoS Pathog 10: e1003943. doi:10.1371/journal.ppat.1003943.

20. Martin MJ, Rayner JC, Gagneux P, Barnwell JW, Varki A (2005) Evolution of humanchimpanzee differences in malaria susceptibility: relationship to human genetic loss of N-glycolylneuraminic acid. Proc Natl Acad Sci U S A 102: 12819–12824. doi:10.1073/pnas.0503819102.

21. Hayakawa T, Culleton R, Otani H, Horii T, Tanabe K (2008) Big bang in the evolution of extant malaria parasites. Mol Biol Evol 25: 2233–2239. doi:10.1093/molbev/msn171.

22. Hayakawa T, Arisue N, Udono T, Hirai H, Sattabongkot J, et al. (2009) Identification of Plasmodium malariae, a human malaria parasite, in imported chimpanzees. PloS One 4: e7412. doi:10.1371/journal.pone.0007412.

23. Coatney GR (1971) The simian malarias: zoonoses, anthroponoses, or both? Am J Trop Med Hyg 20: 795–803.

24. Mercereau-Puijalon O, Ménard D (2010) Plasmodium vivax and the Duffy antigen: a paradigm revisited. Transfus Clin Biol J Société Fr Transfus Sang 17: 176–183. doi:10.1016/j.tracli.2010.06.005.

25. Ménard D, Barnadas C, Bouchier C, Henry-Halldin C, Gray LR, et al. (2010) Plasmodium vivax clinical malaria is commonly observed in Duffy-negative Malagasy people. Proc Natl Acad Sci U S A 107: 5967–5971. doi:10.1073/pnas.0912496107.

26. Mendes C, Dias F, Figueiredo J, Mora VG, Cano J, et al. (2011) Duffy negative antigen is no longer a barrier to Plasmodium vivax--molecular evidences from the African West Coast (Angola and Equatorial Guinea). PLoS Negl Trop Dis 5: e1192. doi:10.1371/journal.pntd.0001192.

27. Becquart P, Wauquier N, Mahlakõiv T, Nkoghe D, Padilla C, et al. (2010) High prevalence of both humoral and cellular immunity to Zaire ebolavirus among rural populations in Gabon. PloS One 5: e9126. doi:10.1371/journal.pone.0009126.

28. Ollomo B, Durand P, Prugnolle F, Douzery E, Arnathau C, et al. (2009) A new malaria agent in African hominids. PLoS Pathog 5: e1000446. doi:10.1371/journal.ppat.1000446.

29. Galan M, Guivier E, Caraux G, Charbonnel N, Cosson J-F (2010) A 454 multiplex sequencing method for rapid and reliable genotyping of highly polymorphic genes in large-scale studies. BMC Genomics 11: 296. doi:10.1186/1471-2164-11-296.

30. Edgar RC (2004) MUSCLE: a multiple sequence alignment method with reduced time and space complexity. BMC Bioinformatics 5: 113. doi:10.1186/1471-2105-5-113.

Figure legends

Figure 1. A. Schematic phylogenetic representation of relationships among *Plasmodium* species circulating in Central Africa; B. Location, in Gabon, of the 210 villages (red circles)
where human blood samples were collected between 2005 and 2008. Distribution of the different sub-species of chimpanzees, bonobos and of gorillas in Central Africa is shown.

Figure 2. Proportion of individuals harbouring at least one read assigned to one *Plasmodium* reference species (listed in Table S3).

Figure 3. Cross-contamination estimates from the positive controls in our experimental design. A. Comparison of the proportion of individuals displaying "Unexpected Reads" (URs) (i.e reads not assigned to *P. falciparum*, *P. malariae* or *P. ovale*) between PCR plates where positive individuals were amplified

(PCR plates with positive controls) and those without positive controls (PCR plates without positive controls). B. Comparison of the average number of "Unexpected Reads" (URs) per individual in PCR plates with (PCR plates with positive controls) and without the positive controls (PCR plates without positive controls).

Figure 4. Relationship between (i) the Levenshtein distance computed between the tags of the positive controls and those of the human samples and (ii) the proportion of individuals harbouring "Unexpected Reads".

Figure 5. Comparison of the total number of *P. falciparum* reads observed in individuals displaying (i) no *P. praefalciparum* or (ii) more than one.

Figure 6. Relationship between (i) the total number of reads sequenced in the "*P. vivax* and ape *Plasmodium*" positive controls and (ii) the total number of reads assigned to *P. vivax* or an ape *Plasmodium* species in the human samples.

Figure 7. Schematic representation of the *Plasmodium falciparum* mitochondrial genome. In green are represented the three protein coding genes of the mitochondrial genome of *Plasmodium* parasites. On the *Cytochrome b* gene, used for *Plasmodium* diagnostic in this study, the position of the two SNVs (single nucleotide variations) allowing to distinguish *P. falciparum* from the ape *Laveranias* is shown in orange.

Supplementary information captions

Table S1. Reference sequences used to determine the origin of the 454 reads.
Table S2. Number of reads obtained per *Plasmodium* species for the different
positive and negative controls in the four pools. Table S3. Positive controls used
in the study.

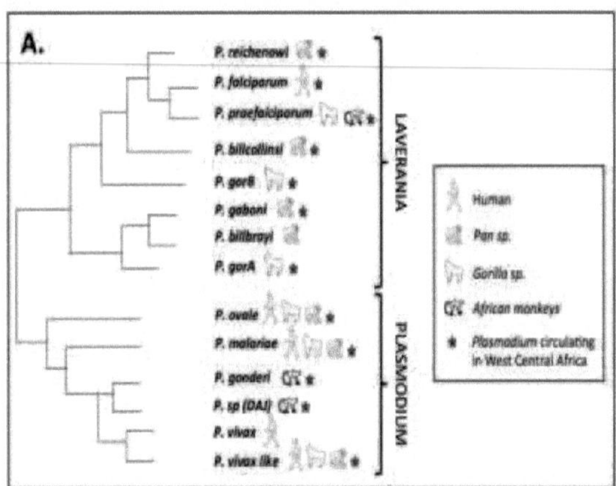

A.
P. reichenowi
P. falciparum
P. praefalciparum
P. billcollinsi
P. gorB
P. gaboni
P. billbrayi
P. gorA
P. ovale
P. malariae
P. gonderi
P. sp (DAJ)
P. vivax
P. vivax like
LAVERANIA
PLASMODIUM
Human
Pan sp.
Gorilla sp.
African monkeys
Plasmodium circulating in West Central Africa

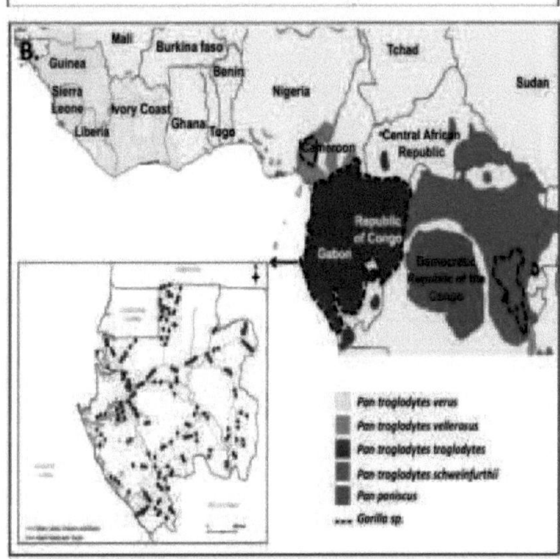

B.
Mali
Burkina faso
Guinea
Benin
Tchad
Sudan
Sierra Leone
Ivory Coast
Nigeria
Liberia
Ghana
Togo
Cameroon
Central African Republic
Republic of Congo
Gabon
Democratic Republic of the Congo
Pan troglodytes verus
Pan troglodytes vellerosus
Pan troglodytes troglodytes
Pan troglodytes schweinfurthii
Pan paniscus
Gorilla sp.

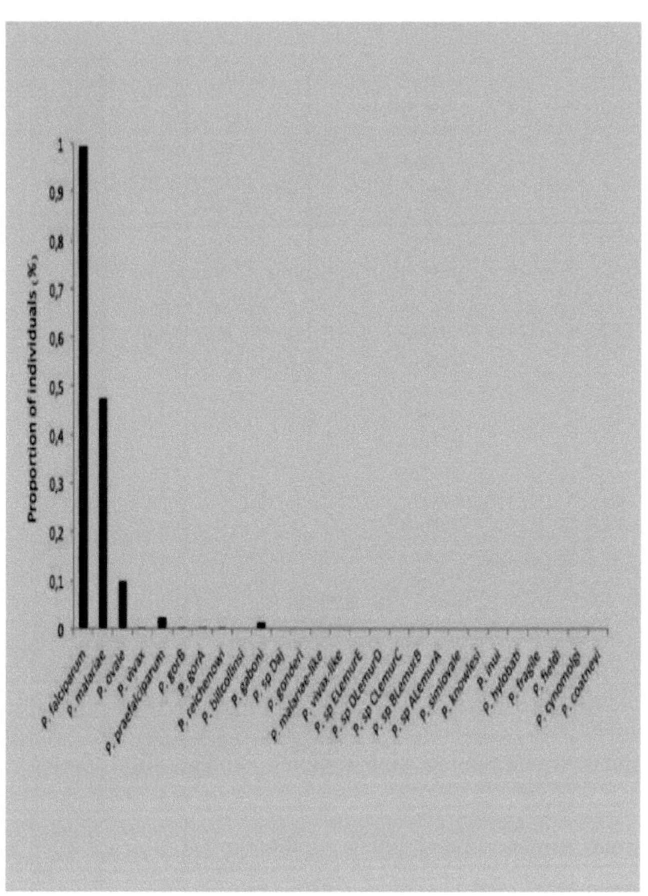

Proportion of individuals (%)
1
0,9
0,8
0,7
0,6
0,5
0,4
0,3
0,2
0,1
0
P. falciparum
P. malariae
P. ovale
P. vivax
P. praefalciparum
P. gorB
P. gorA
P. reichenowi
P. billcollinsi
P. gaboni
P. sp Daj
P. gonderi
P. malariae-like
P. vivax-like
P. sp CLemurE
P. sp DLemurD
P. sp CLemurC
P. sp BLemurB
P. sp ALemurA
P. simiovale
P. knowlesi
P. inui
P. hylobati
P. fragile
P. fieldi
P. cynomolgi
P. coatneyi

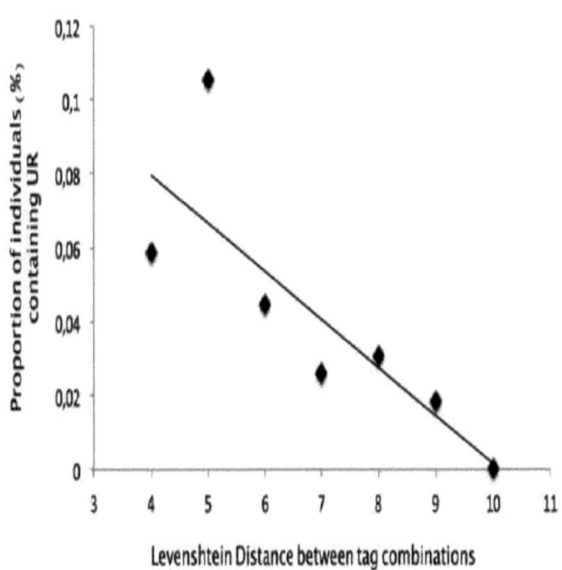

0,12
0,1
0,08
0,06
0,04
0,02
0
Proportion of individuals (%) containing UR
3
4
5
6
7
8
9
10
11
Levenshtein Distance between tag combinations

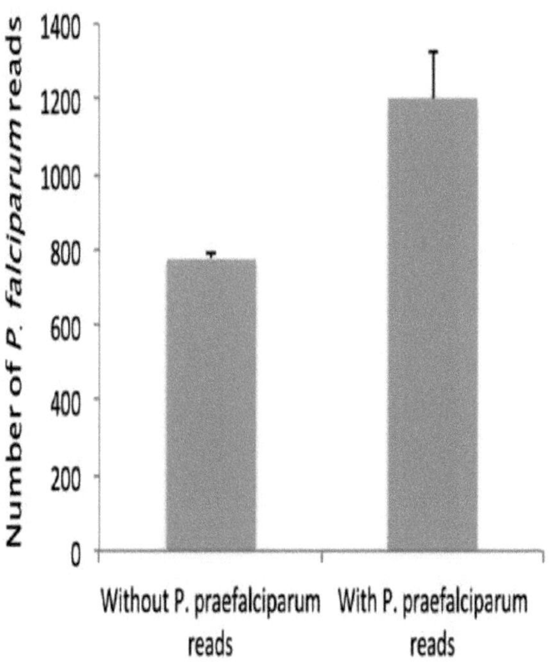

Number of P. falciparum reads
1400
1200
1000
800
600
400
200
0
Without P. praefalciparum reads
With P. praefalciparum reads

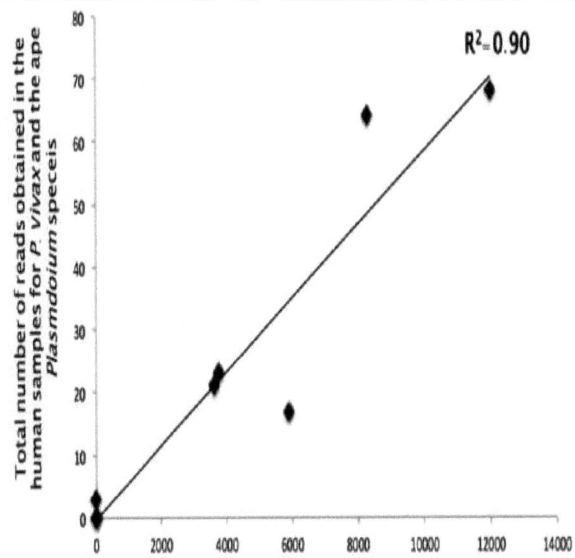

Total number of reads sequenced in the "*P. Vivax* and ape *Plasmodium*" positive controls

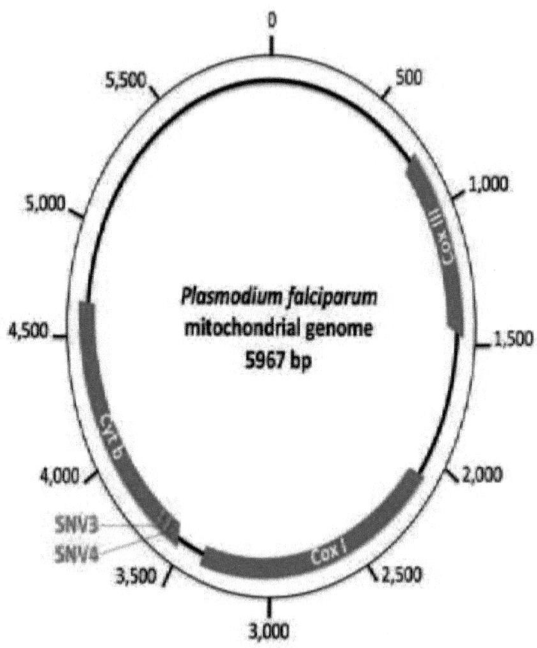

0
500
5,500
1,000
Cox III
5,000
1,500
Plasmodium falciparum
mitochondrial genome
5967 bp
4,500
Cyt b
2,000
4,000
SNV3
SNV4
Cox I
3,500
2,500
3,000

TROISIEME CHAPITRE: CORRELATION PALUDISME ET DREPANOCYTOSE AU GABON

III. Etude III

SELECTION DU PALUDISME PAR LE TRAIT DREPANOCYTAIRE AU GABON

Présente en Afrique principalement dans les pays des régions tropicales mais aussi dans certains autres par le mouvement des populations, la drépanocytose est un problème de santé publique au Gabon. La drépanocytose est une maladie due à une mutation sur le gène codant pour la béta-globin : appelée l'allèle « HbS » tandis que le type sauvage est appelé allèle « HbA ». A l'état homozygote (HbSS), cette mutation cause une maladie sévère qui était presque toujours létale avant l'arrivée de la médecine moderne, ce qui n'est pas le cas dans les régions où la médecine moderne n'est pas disponible. Dans son état hétérozygote (HbAS), aussi appelé trait drépanocytaire, la drépanocytose peut être associée à plusieurs affections telles que l'hématurie, infarctus splénique ou la mort subite liée à l'exercice.

Environ 275000 drépanocytaires naissent chaque année dans le monde, selon les projections de Piel et al. 2013, ce chiffre pourrait atteindre 400000 naissances par an d'ici 2050. Le continent le plus affecté est l'Afrique, avec environ 85% des cas et dont la majorité de ces enfants n'atteignent pas l'âge adulte. Dans une grande partie de l'Afrique centrale la prévalence du trait drépanocytaire est de 15% et peut atteindre 28% comme au Gabon. Ce qui signifie qu'en l'absence de conseil génétique 2% de tous les enfants sont touchés par la drépanocytose.

Outre son importance comme une menace pour la santé publique, la drépanocytose occupe une place particulière en biologie des populations humaines comme l'exemple paradigmatique de l'avantage des hétérozygotes conduisant à un équilibre de sélection. La question qui se pose est celle de savoir comment une telle charge peut-elle être maintenue à une fréquence appréciable dans les populations humaines. Principalement la similarité de la répartition géographique des deux maladies et de la nécessité d'expliquer la prévalence élevée du trait drépanocytaire. Haldane en 1949 a émis l'hypothèse que le trait drépanocytaire confère aux porteurs une protection contre les formes graves de paludisme et cette idée a été corroborée par d'autre auteurs (Allison 1954, Sergent 2010, Hedrick 2011…). Lopez et son équipe en 2010 dans une revue, ont proposé un mécanisme sur cet effet protecteur.

Bien que le principe de protection du trait drépanocytaire contre le paludisme sévère soit maintenant bien admis dans certaines parties du monde, les détails de cette interaction ne sont pas bien connus. Il existe un manque d'études épidémiologiques visant à évaluer la force de l'association entre le paludisme et la drépanocytose. Les anciennes études effectuées par Allison (1954) ou les plus récentes de Piel et son équipe (2010) bien que permettant de fournir des preuves irréfutables en faveur de l'hypothèse appelée hypothèse sur le paludisme, ne permettent pas une estimation précise. A l'échelle mondiale, les populations humaines sont évidemment différentes sur plusieurs points: antécédents génétiques, les modes de vie, l'accès aux soins de santé… et sont immergés dans des environnements divers, notamment les communautés pathogènes, de sorte qu'il existe de nombreux facteurs susceptibles d'obscurcir la relation.

Le but de cet article est de fournir une telle étude épidémiologique, en enquêtant sur la relation entre le paludisme aujourd'hui et la prévalence du SCT, à l'échelle d'un pays africain, à savoir la République gabonaise. Cette échelle est la bonne, car il est assez grand pour y avoir des différences dans la circulation du paludisme, et assez petit par sa population ayant des modes de vie similaires dans des environnements similaires.

Cette étude a donc été réalisée au Gabon un pays d'Afrique centrale ayant des populations appartenant principalement à deux milieux ethno-culturels: les Bantus, agriculteurs depuis longtemps établis, et les Pygmées, qui vivent traditionnellement une vie nomade dans la forêt, et sont maintenant de plus en plus sédentarisés. En raison de cette différence de style de vie et d'environnement, nous avons décidé de les exclure de nos analyses, qui concernent donc que la population bantu du Gabon.

Matériels et Méthodes

Pour la réalisation de cette étude, les échantillons sanguins ont été récoltés entre Juin 2005 et Septembre 2008 durant un projet sur le virus Ebola au Gabon. Tout d'abord, 220 villages du ont été choisis au hasard, sur les 2056 villages gabonais, de façon à couvrir uniformément les 9 provinces gabonaises. Dans ces villages, tous les volontaires sains âgés de plus de 15 ans qui résidaient dans le village depuis plus d'un an ont été recrutés pour l'étude, nous permettant d'obtenir 4349 participants. L'inclusion à la population Pygmée ou à la population bantu résulte de la personne vivant dans un village pygmée ou bantu.

Le consentement écrit a été obtenu de tous les participants. Dans le cas des mineurs, le consentement a été obtenu à partir d'au moins un parent. Notre étude a reçu l'approbation du ministère gabonais de la Santé d'une autorisation de recherche n ° 00093 sur ces données le 15 Mars 2005.

La présence de l'hémoglobine anormale a été déterminée par la méthode de focalisation isoélectrique (IEF). Quand une protéine anormale a été détectée, la chromatographie liquide à haute performance (CLHP) a été utilisée pour identifier la variante exacte: hémoglobine S (HbS) ou de l'hémoglobine C

(HbC), selon le protocole décrit par Tau et al (1997). Les détails des procédures sont décrits dans Délicat-Loembet et al (2014).

L'acquisition de données sur les infections à Plasmodium a suivi un processus en deux étapes. Nous avons d'abord testé les échantillons de sang pour les séquences de *Plasmodium* du cytochrome b mitochondrial par la PCR nichée, comme décrit dans (Ollomo et al 2009). Pour identifier les espèces de Plasmodium présents dans chaque échantillon positif, on a utilisé une approche profonde séquençage. Plus particulièrement, nous avons utilisé la technologie 454 GS, FLX au Titanium (Roche) sur les pools de plusieurs centaines d'échantillons amplifiés pour un fragment de 201bp.

Nous avons ensuite procédé à une analyse statistique par régression logistique (*test statistique permettant de quantifier la force de l'association entre chaque variable indépendante et la variable dépendante, en tenant compte des autres variables intégrées dans le modèle choisis*) afin de voir l'association entre le trait drépanocytaire et l'intensité de la circulation du paludisme dans le milieu de vie d'un individu a été évaluée. Un proxy (*donnée jouant le rôle intermédiaire entre deux autres données afin de surveiller leurs échanges*) pour la circulation de la malaria, a été pris comme la fréquence de malaria basée sur les PCR *Plasmodium* dans le village de l'individu, évalué par rapport à la proportion de porteurs du trait drépanocytaire parmi les individus échantillonnés. Pour tenir compte de l'échantillonnage hiérarchique, nous avons introduit deux effets aléatoires imbriqués (village et province). Les facteurs de confusion potentiels inclus sont le sexe et l'âge. Tous les calculs ont été effectués avec le logiciel R (R Core équipe 2013) et en particulier le package lme4 (Bates et al 2014).

Nous avons obtenu les résultats suivants :

- Après exclusion des personnes pygmées et ceux dont les échantillons de sang ne pouvaient pas être récupérés, nous sommes restés avec 3959 échantillons de sang de 195 villages. Parmi eux, 859 (21,7%) avaient le génotype HbAS (trait drépanocytaire), un avait le génotype HbAC, les échantillons restants ayant le génotype HBAA (normal). Aucun échantillon n'avait le génotype HbSS, confirmant ainsi la forte mortalité dans l'enfance associée à la drépanocytose. Le génotype HbAC est celui d'un individu étranger (Ghana) qui a ensuite été retiré de l'étude. A partir de maintenant, la taille de notre échantillon était 3958. Parmi les 3958 échantillons, 2061 (**52%**) étaient positifs à *Plasmodium* au sens large. Parmi ces 2061 échantillons, 572 (28%) ne pouvaient pas être utilisés pour déterminer les espèces, en raison d'une concentration d'ADN insuffisante, laissant ainsi 1489 échantillons, parmi lesquels 1387 (**93,1%**) ont eu une infection à ***P. falciparum***, 326 (**21,9%**) ont eu une infection à ***P. malariae***, et 32 (**2,1%**) ont eu une infection à ***P. ovale*** et plusieurs échantillons ayant de multiples infections.

- Les infections à *P. ovale* sont rares, et les infections par *P. falciparum* et *P. malariae* sont fortement liées avec Chi-2 = 140 un 1 d.f., P-value < 1.0E-16 .

Nous avons décidé de n'étudier que l'association entre le génotype HbAS et la prévalence de *P. falciparum* chez les personnes asymptomatique pour le paludisme.

- Le trait drépanocytaire est associé à la prévalence du paludisme due à *P. falciparum* chez les personnes asymptomatiques ;

- Le trait drépanocytaire est lié à l'âge

- Le trait drépanocytaire n'est pas lié au sexe

CORRELATION PALUDISME ET TRAIT DREPANOCYTAIRE AU GABON

Article 3: **Malaria continues to select for sickle cell trait in Central Africa.**

Eric Elguero[a,1,2], **Lucrèce M. Délicat-Loembet[a,b,1]**, Virginie Rougeron[a,b,1], Céline Arnathau[a], Benjamin Roche[c], Pierre Becquart[a], Jean-Paul Gonzalez[d], Dieudonné Nkoghe[b], Lucas Sica[b], Eric M. Leroy[a,b], Patrick Durand[a], Francisco J. Ayala[e,2], Benjamin Ollomo[b], François Renaud[a,2,3], and Franck Prugnolle[a,b,2,3]

a Maladies Infectieuses et Vecteurs, Ecologie, Génétique, Evolution et Contrôle (Unité Mixte de Recherche 5290, Centre National de la Recherche Scientifique, Institut de Recherche pour le Développement, Université de Montpellier), 34295 Montpellier, France;
b Evolutionary Parasitology Departement, Centre International de Recherches Médicales de Franceville, BP 769 Franceville, Gabon;
c Unité de Modélisation Mathématique et Informatique des Systèmes Complexes, Unité Mixte Internationale 209, Institut de Recherche pour le Développement, Université Pierre et Marie Curie, 93142 Bondy Cedex, France;
 d METABIOTA Inc., Emerging Diseases & Biosecurity, Silver Spring, MD 20910;
 e Department of Ecology and Evolutionary Biology, University of California, Irvine, CA 92697

Contributed by Francisco J. Ayala, March 24, 2015 (sent for review January 2, 2015; reviewed by Richard E. Paul and Stephen M. Rich)

Proc Natl Acad Sci U S A. 2015 Jun 2;112(22):7051-4. doi: 10.1073/pnas.1505665112. Epub 2015 May 4

Summary

Background : Sickle cell disease (SCD) is a genetic disorder which causes a serious health threat, especially in tropical Africa. Its permanence in human populations has been attributed to the resistance it provides to *Plasmodium falciparum* malaria in its heterozygous state, called sickle cell trait (SCT). Our aim was to assess the strength of this association, using present-day data on both SCT and malaria infections.

Methods : 3,959 blood samples from 195 villages covering the entire Republic of Gabon were analyzed. Hemoglobin variants were identified using high-performance liquid chromatography (HPLC). Infections by three species of *Plasmodium* were detected by PCR followed by 454 titanium sequencing on a 201bp fragment of cytochrome B. The probability of being an SCT carrier was modeled as a function of P. falciparum malaria prevalence, age and sex.

Findings : We found that an increase of 10% in *P. falciparum* malaria prevalence is associated to an increase by 4.6% of SCT carriers. An increase of 10 years of age was associated to an increase by 5.5% of SCT carriers. Sex was not associated with SCT.

Interpretation : There is a strong association between *P. falciparum* malaria and sickle cell disease, still working today in Central Africa, and probably elsewhere. Such strong association could be used by coupling interventions against malaria and against SCD, since these two diseases could occur in high numbers within the same villages.

Funding : Field and lab work were funded by Centre International de Recherches Medicales de Franceville (CIRMF, Gabon), Centre National de la Recherche Scientifique (CNRS, France), Institut de Recherche pour le Développement (IRD, France), International Atomic Energy Agency (IAEA) and Agence Nationale de la Recherche (ANR, France, grant ORIGIN JCJC 012)

Introduction

Sickle Cell Disease (SCD) is a serious public health concern, present mainly in tropical countries, especially in Africa[1-3] and spreading to all countries with the increasing population movements.[4,5] It is due to a mutation on the gene coding for the beta-globin: the so-called HbS mutated allele, whereas the wild-type is called the HbA allele.[6] In its homozygous state (hereafter denoted by HbSS), this mutation causes a severe disease, which was almost always lethal before the advent of modern medicine, and still is where modern medical care is not available.[7,8] In its heterozygous state (HbAS), called Sickle Cell Trait (SCT), the mutation results in a much milder condition, to the point that carriers may go unnoticed, although it has been associated with a variety of conditions or diseases, like hematuria, splenic infarction or exercise-related sudden death.[9]

The global burden of SCD has been estimated at about 275,000 births every year[10] and could reach about 400,000 births annually by 2050 according to recent projections.[5] The most affected continent is Africa, where about 85% of the cases are located, and where the vast majority of these children do not reach adulthood.[11] SCT prevalence is above 15% in a great part of Central Africa[8] and can reach 28% in Gabon,[12] which means that on average between 1% and 2% of all born children are affected by SCD.

Besides its importance as a public health threat, SCD holds a special place in human population biology as the paradigmatic example of overdominance (i.e.

advantage to the heterozygotes), leading to balanced selection. Indeed, the question arises as to how such a burden could be maintained at an appreciable frequency in human populations. Mainly from the similarity of the two diseases' geographical distribution, and from the need to explain the high prevalence of SCT, Haldane[13] hypothesized that SCT could provide a protection against severe forms of malaria, and this insight was substantiated thereafter by Allison,[14] see [15,16] for historical details and [17] for a review of the proposed mechanisms of this protective effect.

Although the principle of SCT protection against severe malaria as the engine for the high levels of SCT prevalence in some parts of the world is now well admitted, the details of this interaction are much less known. There is a lack of epidemiological studies aimed at assessing the strength of the association between malaria and SCT. Global studies, old[14] or recent (Piel et al 2010), although they provide compelling evidence in favor of the so-called malaria hypothesis, are based on historical data of malaria prevalence, and do not allow a precise estimation. At the global scale, human populations obviously differ on several respects including genetic backgrounds, lifestyles, access to healthcare, among others, and are immersed in equally diverse environments, especially pathogen communities, so that there exist numerous potentially confusing factors, likely to obscure the relation.

The aim of this paper is to provide such an epidemiological study, investigating the relation between present-day malaria and SCT prevalences, at the scale of an African country, namely the Republic of Gabon. This scale is relevant to address this question, as it is large enough for there to be variation in malaria circulation, and small enough for its population having similar lifestyles in similar environments.

Material and Methods.

Population under study.

The Republic of Gabon is a Central African country, with an area of 270,000 square kilometers and a population of 1.5 million people.[19] The Gabonese populations belong mainly to two ethno-cultural backgrounds : the Bantu people, long-time established farmers, and the Pygmy people, who traditionally lived a nomadic life in the forest, and are now becoming more and more sedentarized.[20] Because of this difference in lifestyle and environment, we decided to exclude them from our analyses, which therefore concern only the Bantu population of Gabon.

Data were collected between June 2005 and September 2008 during a project focused on the Ebola virus in Gabon.[21] First, 220 villages were randomly selected, out of the 2,056 Gabonese villages, so as to cover evenly the 9 Gabonese provinces. In these villages, all healthy volunteers over the age of 15 who had been residing in the village for more than one year were included in the study, resulting in 4,349 participants. Figure 1a shows the positions of the included villages.

Written consent was secured from all participants. In the case of minors, consent was obtained from at least one parent. Our study received the approval of the Gabonese Ministry of Health with a research authorization No. 00093 on these samples March 15, 2005.

Detection of hemoglobin variants.

The presence of abnormal hemoglobin was ascertained by the isoelectric focusing method. When an abnormal protein was detected, high-performance liquid chromatography (HPLC) was used to identify the exact variant: Hemoglobin S (HbS) or Hemoglobin C (HbC),[22,23] according to the protocol described in Tatu et al 1997.[24] Details of the procedures are described elsewhere.[12]

Plasmodium detection and species determination.

The acquisition of _Plasmodium_ infection data followed a two-step process. We first tested the blood samples for _Plasmodium_ cytochrome b (cytb) mitochondrial sequences by nested PCR, as previously described.[25] To identify the _Plasmodium_ species present in each positive sample, we used a deep-sequencing approach. More particularly, we used the 454 GS-FLX titanium technology on pools of several hundreds of samples amplified for a fragment of 201bp. A sample was considered infected with a given species of _Plasmodium_ when the proportion of reads attributed to that species was at least 5% of all read for that sample. Details are given in supplementary information.

Statistical analyses.

The association between SCT and the intensity of malaria circulation in the living environment of one individual was assessed by logistic regression. A proxy for malaria circulation was taken as the malaria prevalence in the individual's village, as estimated by the proportion of carriers among the sampled individuals. To take into account the hierarchical sampling, we introduced two nested random effects (village and province). Included potential confounders were sex and age. All computations were performed with the R software and specifically the lme4 package.[26,27]

Results

After exclusion of the Pygmy individuals and those whose blood samples could not be retrieved, we were left with 3,959 blood samples from 195 villages. Among them, 859 (21.7%) had the HbAS (SCT) genotype, 1 had the HbAC genotype, the remaining samples having the HbAA (normal) genotype. No sample had the HbSS genotype, thus confirming the high mortality in childhood associated with Sickle Cell Disease.

The HbAC individual - a foreigner from Ghana- was subsequently removed from the study, resulting in a sample size of 3,958.

Of the 3,958 samples, 2,061 (52%) were positive to *Plasmodium* cytb. Of these 2,061 samples, 572 (28%) could not be used to determine the species, because of an insufficient DNA concentration, thus letting 1,489 samples, among which 1,387 (93.1%) had a *P. falciparum* infection, 326 (21.9%) had a *P. malariae* infection, and 32 (2.1%) had a *P. ovale* infection, several samples having multiple infections. Details are given in Table 1.

Since *P. ovale* infections were rare, and since infections by *P. falciparum* and *P. malariae* were strongly associated (Chi-2 = 140 on 1 d.f., P-value < 1.0E-16), we decided to study only the association between HbAS genotype and *P. falciparum* malaria prevalence.

The GLM model showed that SCT was associated with *P. falciparum* malaria prevalence: odds-ratio = 1.054, 95% c.i. = (1.014 - 1.096), P-value = 0.008, and with age: odds-ratio = 1.071, 95% c.i. = (1.012 - 1.13), P-value = 0.017. The odds-ratio for malaria prevalence is given for a 10% increase in prevalence, and the odds-ratio for age is given for a 10 years increase of age. SCT was not associated with sex: odds-ratio M vs F : 0.997, 95% c.i. = (0.85 - 1.17), P-value = 0.97. Figures 1a and 1b show the maps of SCT and *P. falciparum* prevalences. Figure 1c shows the distribution of village SCT prevalences as a function of village malaria prevalences, as well as the prediction of the statistical model.

Discussion

The main finding of this study is a strong association between *P. falciparum* malaria and SCT prevalence. Translated into prevalence scale, the observed odds-ratio of 1.054 means that when for example the malaria prevalence changes from 40% (its average value) to 50%, the number of SCT carriers changes from 21.1% to 22.0%, that is an increase in number of SCT carriers by 4.3%. The same change in malaria prevalence would yield, in the absence of genetic counseling, a change in the prevalence of SCD (homozygotes) newborns from 4.4% to 4.8%, an increase by more than 9%.

The positive association between asymptomatic *P. falciparum* malaria and SCT prevalence in Bantu villages is consistent with previous findings, in particular with what Piel et al. observed in Africa, in the most recent and most elaborate study.[18] There are however a number of differences. First these authors did not use a continuous measure of malaria prevalence, but instead a classification of endemicity in six levels, from malaria-free to holoendemic. Second, they use malaria data from the pre-intervention era, which occured prior to 1960. Thirdly, having individual data enabled us to take into account individual potentially confusing factors, although it turned out that only age was associated with SCT and malaria.

But the probably most important difference between the present study and previous ones, is that these used indices based on clinical malaria, whereas our estimates of malaria prevalence are based partly on asymptomatic infections. Indeed, only healthy individuals were enrolled, but whether the infected individuals were recovering from a clinical episode, or on the contrary would develop symptoms some time after having been sampled, is not known. One could argue that SCT, by providing protection against clinical malaria[28,29] should be positively associated with asymptomatic malaria and negatively associated with clinical malaria. However, mathematical modeling[30,31] showed that in the long term, high levels of malaria prevalence select for SCT, and that in turn a high SCT prevalence leads to a higher prevalence of asymptomatic malaria, so that SCT prevalence is positively associated with both asymptomatic and clinical malaria. Hence our findings demonstrate a selective effect of *P. falciparum* malaria on SCT.

The second finding of our study, namely the significant increase of SCT prevalence with age, could be explained by two hypotheses. First, that could be the sign that malaria selective pressure is relaxing as a result of improved medical care and prophylaxis, elder people having experienced in their youth a stronger selective pressure than today's young people. Alternatively, that could indicate that the HbAS genotype continues to provide protection with respect to the HbAA genotype in adult life.

Sex was not associated with SCT, a result that is not surprising given that the beta-globin gene is autosomale. It moreover shows that there is no significant difference in the protection against malaria provided by SCT to men and women.

The results obtained in this study show that the selective pressure of malaria is still at work today, and gives an estimate of the strength of this selection, thus consolidating the place of SCD as the best known example of a genetic disease selected for and maintained by an infectious disease.

The association observed at the level of Gabonese villages could be of interest in a health management perspective. Those villages with a high level of malaria transmission could be the targets of coupled anti-malaria campaigns and information campaigns regarding SCD. In any event, malaria and sickle cell disease are two entangled health threats that should be managed synergistically. In Gabon, given that about 21% of the population carries the S allele,[12] in average 2,200 (4.4%) of the *ca* 50,000 children born each year in the country (United Nations 2013) will develop the disease.

Acknowledgments

The authors thank CNRS, CIRMF and IRD for general support, and IAEA for the funding of the Center for Sickle-Cell screening and for supporting the national program on neonatal diagnosis in Libreville, Gabon.

References

1   Livingstone FB (1958) Anthropological implications of sickle cell gene distribution in West Africa. American Anthropologist 533-562.

2   Makani J, Williams TN, Marsh K (2007) Sickle cell disease in Africa: burden and research priorities. Annals of Tropical Medicine and Parasitology, 101(1):3-14.

3   Rees DC, Williams TN, Gladwin MT (2010) Sickle-cell disease. The Lancet 376:2018-2031.

4   Roberts I, de Montalembert M (2007) Sickle cell disease as a paradigm of immigration hematology: new challenges for hematologists in Europe. Haematologica/the hematology journal 92(07):865-871.

5   Piel FB, Hay SI, Gupta S, Weatherall DJ, Williams TN (2013) Global burden of sickle cell anaemia in children under five, 2010-2050: modelling based on demographics, excess mortality, and interventions. PLoS Medicine 10(7):1-14.

6   Hunt JA, Ingram VM (1958) Allelomorphism and the chemical difference between the globins of normal human and sickle-cell anaemia haemoglobin. Nature, 178:792-794.

7.   Lehmann H, Raper AB (1956) Maintenance of high sickling rate in an African community. BMJ 2:333-336.

8   Grosse SD, Odame I, Atrash HK, Amendah DD, Piel FB et al (2011) Sickle cell disease in Africa: a neglected cause of early childhood mortality. Am J Prev Med 41: S398-S405.

9   Tsaras G, Owusu-Ansah A, Owusua Boateng F, Amoateng-Adjepong Y (2009) Complications associated with Sickle Cell Trait: A brief narrative review. Am J Med122(6): 507-512.

10   Modell B, Darlison M (2008) Global epidemiology of haemoglobin disorders and derived service indicators. Bull. WHO, 86:480-487.

11   Weatherall D, Akinyanju O, Fucharoen S, Olivieri N, Musgrove P. Inherited Disorders of Hemoglobin. In *Disease Control Priorities in Developing*

Countries 2nd edition. Edited by Jamison D. New York: Oxford University Press; 2006:663-680.

12	Délicat-Loembet L, Elguero E, Arnathau C, Durand P, Ollomo B, Ossari J, Mezui-Me-Ndong J, Mbang Mboro T, Becquart P, Nkoghe D, Leroy EM, Sica L, Gonzalez JP, Prugnolle F, Renaud F (2014) Prevalence of sickle-cell trait in Gabon : a nationwide study. IGE 25:52-56.

13	Haldane JBS (1949) Disease and evolution. Ric Sci Suppl 35:68-76.

14	Allison AC (1954) The distribution of the sickle-cell trait in East Africa and elsewhere, and its apparent relationship to the incidence of subtertian malaria. Trans Royal Soc. of Tropical Medicine and Hygiene 48:312-318.

15	Serjeant GR (2010) One hundred years of sickle cell disease. British J Haematology 151:425-429.

16	Hedrick PW (2011) Population genetics of malaria resistance in humans. Heredity 107:283-304.

17	Lopez C, Saravia C, Gomez A, Hoebeke J, Petarroyo MA (2010) Mechanisms of genetically-based resistance to malaria. Gene 467:1-12.

18	Piel FB, Patil AP, Howes RE, Nyangiri OA, Gething PW, Williams TN, Weatherall DJ, Hay SI (2010) Global distribution of the sickle cell gene and geographical confirmation of the malaria hypothesis. Nature communications 1(104):1-7.

19	United Nations, Department of Economic and Social Affairs, Population Division (2013). World Population Prospects : The 2012 Revision, Volume 1 : Comprehensible Tables.

20	Matsuura N (2006) Sedentary lifestyle and social relationship among Babongo in southern Gabon. African Study Monographs, Suppl. 33:71-93.

21	Becquart P, Wauquier N, Mahlakoiv T, Nkoghe D, Padilla C, Souris M, Ollomo B, Gonzalez JP, de Lamballerie X, Kazanji M, Leroy EM (2010) High prevalence of both humoral and cellular immunity to Zaire ebola virus among rural populations in Gabon. PLoS one 5(2):1-9.

22	Ingram VM. A specific chemical difference between the globins of normal human and Sickle Cell Anemia haemoglobin. Nature 1956;180:326-328.

23   Siguret V, Andreux JP. Diagnostic biologique des hémoglobinopathies par analyse du phénotype. Ann Biol Clin 1997;55: 103-112.

24   Tatu T, Gategasem P, Hathirat P. Hemoglobin (1997) Typing by high performance liquid chromatography. Southeast Asian J Trop Med Public Health; 28(2): 417-423.

54   Ollomo B, Durand P, Prugnolle F, Douzery E, Arnathau C, Nkoghe D, Leroy E, Renaud F (2009) A new malaria agent in African hominids. PLoS pathog 29(5):1-5.

26   R Core Team (2013) R: A language and environment for statistical computing. R Foundation for Statistical Computing, Vienna, Austria.

27   Bates D, Maechler M, Bolker B, Walker S (2014) lme4: Linear mixed-effects models using Eigen and S4. R package version 1.1-5. http://CRAN.R-project.org/package=lme4

28   Williams TN, Mwangi TW, Wambua S, Alexander ND, Kortok M, Snow RW, Marsh K (2005) Sickle Cell Trait and the Risk of *Plasmodium falciparum* Malaria and Other Childhood Diseases. Journal of Infectious Diseases 192:178-186.

29   Williams TN (2006) Human red blood cell polymorphisms and malaria. Current Opinion in Microbiology 9:388-394.

30   Feng Z, Smith DL, McKenzie FE, Levin SA (2004) Coupling ecology and evolution : malaria and the S-gene across time scales. Mathematical Biosciences 189:1-19.

31   Shin E, Feng Z, Castillo-Chavez C (2012) Differential impact of sickle cell trait on symptomatic and asymptomatic malaria. Mathematical Biosciences and Engineering 9(4):877-898.

	not infected	undetermined Plasmodium	Pf only	Pm only	Po only	Pf+Pm	Pf+Po	Pm+Po	Pf+Pm+Po
HbAA	1492	446	894	67	10	172	8	2	8
HbAS	405	126	250	23	0	51	1	0	3

Table 1: Blood samples classified according to genotype and *Plasmodium* species present. Pf: *Plasmodium falciparum*; Pm : *Plasmodium malariae* ; Po : *Plasmodium ovale*.

Figure caption.

Figure 1

a : Map of Gabon. SCT prevalence, pale yellow : prevalence below 10% ; dark red : prevalence above 10%. Blue dots : sampled villages. Dotted lines : province limits.

b : Malaria prevalence, pale yellow : prevalence under 30% ; dark red : prevalence above 30%.

To generate these maps, at each cell of a 200x200 grid covering the country, a prevalence was computed from the pooled populations of all villages within a 0.5 degree of latitude/longitude radius. Province names abbreviations : Estuaire (Est), Haut-Ogoouée (HtOg), Moyen-Ogoouée (MoyOg), Ngounié (Ngo), Nyanga (Nya), Ogouée-Ivindo (OgIv), Ogoouée-Lolo (OgLo), Ogoouée-Maritime (OgMar), Woleu-Ntem (WolN).

c : SCT prevalence as a function of malaria prevalence. Village have been grouped by 20%-wide intervals of malaria prevalence. The orange line shows the prediction of the statistical model as a function of malaria prevalence alone. Age has been set to its median value (49yr), and the random effects have been set to zero.

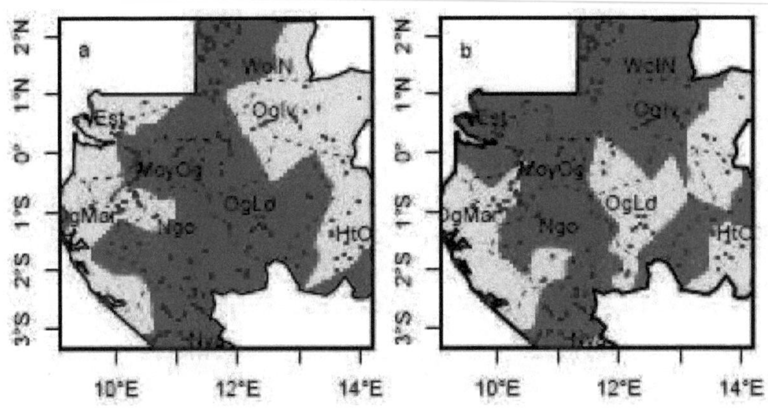

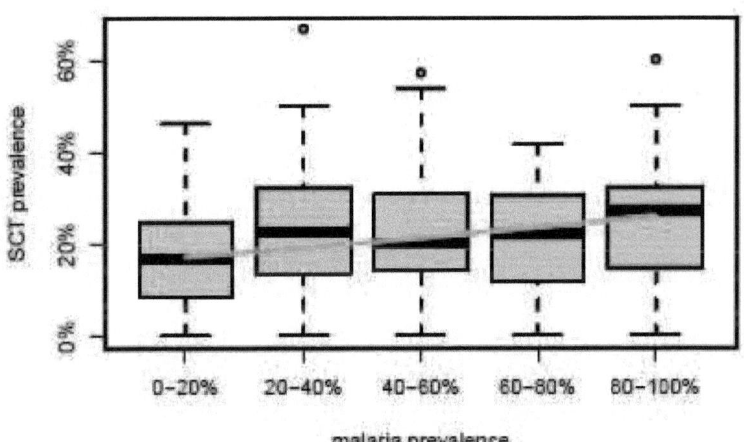

SCT prevalence
60%
40%
20%
0%
0-20%
20-40%
40-60%
60-80%
80-100%
malaria prevalence

SECTION IV- DISCUSSION, CONCLUSION GENERALE ET PERSPECTIVES

DISCUSSION

<u>CHAPITRE I :</u>

DISTRIBUTION DU TRAIT DREPANOCYTAIRE SUR LE TERRITOIRE GABONAIS

L'allèle « S » est responsable de la drépanocytose au Gabon ce qui est en accord avec d'autres études qui ont montré que l'allèle commun dans l'hémoglobine anormale responsable de la drépanocytose en Afrique centrale est du génotype Bantu (HbS/HbS) (Kéclard et al. 1996; Ojwang et al. 1987; Oner et al. 1992).

La prévalence globale de porteurs du trait drépanocytaire au Gabon (21%) est semblable aux prévalences observées dans d'autres pays à haute transmission du paludisme en Afrique centrale selon (Diallo and Tchernia 2002). Cette prévalence varie entre 5 et 40% en Afrique de l'Ouest, Centrale et en Afrique de l'Est(Diallo and Tchernia 2002) ou de 19 à 25% en Afrique centrale selon Piel et al 2010. Lorsque l'on observe séparément la prévalence de porteurs du trait drépanocytaire dans les différentes provinces, on note qu'elle varie de 13 à 28% avec de hautes prévalences qui se concentrent sur une bande Nord-Sud au centre du pays. Ces hautes prévalences de porteurs de trait drépanocytaire observées dans certaines provinces du Gabon sont similaires à celles observées dans certaines tribus noires d'Afrique comme la République Démocratique du Congo où il varie entre 10 et 20% (Tshilolo 2009).

L'absence des individus homozygotes pour l'allèle « S » dans notre base de données suggère que la survie de ces individus après l'âge de 15 ans est très faible. Certaines études ont montré que le pic de mortalité chez les enfants drépanocytaires se situe entre l'âge de 1 à 3 ans (Leikin et al., 1989) ou à moins de 5 ans (Labie and Elion 2010).

La malaria peut être un facteur permettant d'expliquer les différences de prévalences de porteurs du trait drépanocytaire au Gabon. Il s'agit de l'exemple le plus connu sur l'équilibre de sélection appelé « l'hypothèse de la malaria » (Haldane, 1949) l'allèle responsable l'hémoglobine anormale (HbS) peut atteindre de hautes fréquences en raison de la résistance contre la malaria par les porteurs du trait drépanocytaire (Hétérozygotes : HbA/HbS). La haute prévalence d'hétérozygotes dans notre jeu de données (21%) peut être le résultat de l'histoire ou d'une récente pression de sélection de la malaria au Gabon. En effet, le Gabon est un pays caractérisé par un climat chaud et humide ce qui favorise le développement de moustiques du genre *Anophèles* et est ainsi une zone hyper-endémique pour la transmission de la malaria (Piel et al. 2010). Cependant, il n'y a pas d'association entre le fait de porter le trait drépanocytaire et la malaria si l'on considère les résultats de la goutte épaisse au niveau individuel ou entre le port du trait drépanocytaire et la prévalence de la malaria au niveau de villages ou des provinces. Mais cela n'exclut pas le rôle de la malaria dans la sélection de l'allèle « S ». L'une des raisons que l'on pourrait évoquer serait que les personnes incluses dans l'étude sont des personnes ne présentant aucun symptôme lié au paludisme, conduisant ainsi à l'exclusion d'un nombre inconnu de patients atteints de paludisme. Une autre raison serait que la goutte épaisse a une faible sensibilité pour l'infection au *Plasmodium*, en particulier chez les personnes saines (Ndao et al., 2004) et enfin, les pressions sélectives agissent sur un temps long, de sorte que la répartition géographique des porteurs du trait drépanocytaire peut être mise en corrélation avec la répartition géographique passée de la malaria.

L'analyse de la base de données nous a permis d'identifier deux groupes de populations Bantus et Pygmées. Ces deux populations présentent des prévalences significativement différentes non seulement pour ce qui est de la prévalence des porteurs du trait drépanocytaire (27,7% pour les Bantus et 12,1%

pour les pygmées) mais aussi pour ce qui est de la prévalence de la malaria (6,2% pour les Bantus et 1,7% pour les pygmées). Les différences observées peuvent s'expliquer par différents facteurs :

- La différence de style de vie entre les deux populations ;

- Le paludisme qui est répandu dans les communautés humaines dans lesquelles on pratique l'agriculture, ce qui augmente la densité de population et devenant ainsi une ressource précieuse pour les moustiques (Ayala, 2007). Les communautés pygmées, restées loin de la colonisation agricole, peuvent avoir été moins exposées au paludisme. Ce n'est que récemment, en raison du développement de la déforestation, des projets agricoles et la création d'aires protégées, tout en limitant leur accès aux ressources forestières, que les Pygmées ont quitté la forêt. Au contraire, les populations Bantu ont une longue histoire de contact avec les espèces de *Plasmodium*.

- Une autre explication possible serait que les populations Pygmées, bien qu'étant en contact avec le paludisme, peuvent avoir développé des traitements pharmacologiques traditionnels, qui ne sont pas disponibles pour les populations Bantu, diminuant ainsi la pression sélective en faveur du génotype des hétérozygotes (HbS / HbA) ;

- Les enfants et les adolescents pygmées porteurs du trait drépanocytaire présentent un risque élevé de mourir en raison d'une difficulté d'accès aux soins médicaux. On sait en effet que les hétérozygotes ont un plus grand risque de mourir d'un certain nombre de maladies (Tsaras et al., 2009);

- Ce qui n'est pas connu, c'est, ce qu'était la prévalence des hétérozygotes avant que les populations Pygmées soient au contact des populations d'agriculteurs Bantu. En effet ce changement de style de vie et d'habitat a favorisé les mariages entre les deux groupes de populations (Bantu et Pygmées) conduisant par conséquent, à un flux de gènes entre ces groupes ayant plus d'impact sur les populations les moins nombreuses : les populations pygmées (Quintana-Murci et al., 2008) ;

Dans tous les cas les populations se retrouvent dans un nouvel habitat qui ne leur est pas favorable les rendant ainsi vulnérables et sujets à l'émergence de plusieurs problèmes de santé dus à une exposition élevée aux piqûres de moustiques en raison de l'augmentation de la densité de population et du manque d'hygiène (Froment, 2001; Sarno, 1993).

- En regardant la relation entre le sexe et le port du trait drépanocytaire, nous n'avons noté aucune différence statistique entre les sexes (féminin et masculin). L'allèle « S » est un allèle situé sur les autosomes (Guberti et al. 1984) (Jastaniah 2011) (Kumar et al. 2012), il n'y a donc pas de différence dans la sensibilité de chaque sexe pour hériter du trait drépanocytaire de leurs parents (Neel, 1949). L'absence de différence entre les sexes dans la prévalence du port du trait drépanocytaire parmi les personnes âgées de plus 15 ans montre qu'il n'y a pas de différence dans l'effet protecteur du trait drépanocytaire contre la mortalité associée au paludisme entre les deux sexes.

- Le paramètre âge est significativement associé au port du trait drépanocytaire. Le résultat le plus frappant est qu'il n'y a pas d'homozygote (HbS / HbS) dans l'ensemble des données. Étant donné que la fréquence globale de l'allèle « S » est de 10,5% (la moitié de la prévalence de la SCT 21,1%), et en supposant que l'accouplement se fait de manière aléatoire par rapport au gène de la bêta-globine, la fréquence des naissances des homozygotes doit être d'environ 1%. S'il n'y avait pas de différence de mortalité entre les génotypes HbS/HbS et HbA/HbA, dans un échantillon de 4249 personnes, nous devrions observer en moyenne 42-43 HbS/HbS (intervalle de confiance à 95% (30-56)), alors que nous observons 0. Ceci implique qu'il y a une plus grande mortalité chez les individus HbS/HbS que chez les personnes hétérozygotes (HbA/HbS) et HbA/HbA personnes.

- On note aussi une augmentation de la prévalence des porteurs du trait drépanocytaire avec l'âge. Les individus ont une chance tous les 10 ans d'âge de voir apparaître dans leur génome l'allèle drépanocytaire. Ce phénomène pourrait s'expliquer par le fait que le trait drépanocytaire continue de fournir une résistance contre le paludisme et donc les porteurs du trait drépanocytaire ont une meilleure survie que les personnes de génotypes HbA/HbA. Cependant, certains paramètres tels que la démographie pourraient générer un tel signal et ainsi d'autres études devraient être effectuées.

CHAPITRE II

TRANSMISSION DE PLASMODIUM DES PRIMATES NON-HUMAINS A L'HOMME

Plus de 4281 échantillons répartis sur tout le territoire gabonais. Le Gabon est un pays qui représente une grande partie de la gamme des chimpanzés et des gorilles de l'ouest. Nous avons exploré la diversité des espèces de *Plasmodium* qui infectent les populations humaines vivant dans cet environnement boisé. Sur les 1674 échantillons sanguins positifs à *Plasmodium* analysés par la méthode de séquençage nouvelle génération, il n'y avait pas de preuve d'infections zoonotiques avec l'une des six espèces connues de *Laverania* circulant chez les singes ou une quelconque espèce de *Plasmodium* qui infecte les singes. Seulement trois espèces de *Plasmodium* historiquement reconnues comme *Plasmodium* humain et en circulation au Gabon, ont été détectées dans notre échantillon: *P. falciparum*, *P. malariae* et *P. ovale*.

Nos résultats sont en accord avec les résultats d'une étude récente réalisée au Cameroun sur un échantillon de taille beaucoup plus petite, dans laquelle aucune preuve d'infection par *Laverania* de singe n'a été détectée chez l'homme (Sundararaman et al. 2013). Notre étude, en plus de la précédente, suggère donc que la transmission de *Plasmodium* primate non-humain à l'homme est très rare en Afrique centrale, même dans les populations vivant en contact étroit avec les grands singes ou les gorilles.

Pourquoi ce transfert est-il rare ?

- Une explication possible peut être que le vecteur porteur du *Plasmodium* de primates non humains ne soit pas anthropophile et ne puisse donc pas servir de pont entre les humains et les primates non humains. Cela semble toutefois être étrange en comparaison à plusieurs observations récentes.

En effet, bien que peu d'informations soient disponibles sur les vecteurs potentiels de *Plasmodium* de singe (Paupy et al. 2013), parmi les espèces de moustiques sylvestres qui étaient, jusqu'à ce jour, infectées par *Plasmodium* singe, une de ces espèces d'*Anophèles* était *A. moucheti*. Cette espèce est connue pour être anthropophile et un vecteur majeur de *Plasmodium* humain en Afrique centrale et pourrait ainsi jouer facilement le rôle de vecteur de pont entre les singes et les humains (Paupy et al. 2013). En outre, au moins un transfert de *Plasmodium* de singes à l'homme a été autrefois découvert en Afrique (cas de *P. vivax* de singe) (Prugnolle et al. 2013), mettant ainsi en évidence la possibilité que certaines espèces de moustiques puissent en effet jouer le rôle de pont entre les deux catégories d'hôtes.

- Une autre explication pourrait donc être une spécificité d'hôte prévenant fortement la transmission de parasites d'un hôte à un autre. Plusieurs expériences de transplantations artificielles ont été faites dans le passé entre l'homme et *Laveranias* de grands singes et ont toujours échoué à induire une infection ou des symptômes du paludisme, même chez les animaux splénectomisés (Rayner et al. 2011). L'invasion des globules rouges par les parasites est gouvernée par un ensemble de protéines de surface interagissant avec les protéines exprimées à la surface des cellules hôtes (Wright et Rayner 2014). Plusieurs études suggèrent que cette interaction pourrait être très précise et expliquer le tropisme de l'hôte. Plusieurs auteurs proposent que les interactions entre la protéine de *Plasmodium* EBA 175 et la forme de Glycoprotéine A (GPA) spécifique de l'hôte, puissent être responsables chez *Laveranias* d'une très forte spécificité d'hôte (Martin et al. 2005).

- En plus des Laveranias, les singes (gorilles et chimpanzé) sont également infectés naturellement par des espèces de *Plasmodium* du sous-genre, à savoir *P. malariae, P. ovale et P. vivax*-like parasites. Les espèces de ce sous-genre sont connues pour être naturellement plus enclins à infecter une multiplicité d'espèces hôtes. Ainsi, plusieurs de ces espèces en particulier celles infectant les grands singes (*P. malariae, P. ovale* et *P. vivax*) pourraient être en mesure de provoquer le paludisme symptomatique chez l'homme dans les infections expérimentales ou accidentelles (Coatney et al. 1971). Nos résultats ne montrent aucune preuve de transferts de *P. vivax* des singes aux hommes au Gabon. Pour *P. malariae et P. ovale* de singes, aucune étude n'a examiné leurs caractéristiques moléculaires comparé à leurs équivalents humains. Pour cela, il est impossible à ce jour de les distinguer des *P. malariae et P. ovale* humains. Des études complémentaires doivent donc être faites afin d'être en mesure d'estimer leur potentiel zoonotique.

- Finalement, nos résultats montrent une absence de *P.vivax* qui naturellement circule dans les populations humaines en Afrique centrale. Ceci est en accord avec des études antérieures qui n'ont également pas pu détecter par des méthodes moléculaires *P. vivax* des populations d'Afrique centrale malgré les preuves immunologiques d'exposition (Culleton et al. 2008; Sundararaman et al. 2013). Cette absence est très probablement le résultat de la forte prévalence de Duffy négatif observée dans les populations d'Afrique centrale, qui est connu pour conférer un haut niveau de résistance à l'homme contre ce parasite. En effet, en Afrique la prévalence des personnes Duffy négatif montre que la grande majorité de ce phénotype est répartie sur la partie Ouest et Centrale du continent africain. Une des fonctions de cet antigène Duffy est de servir de récepteur à *Plasmodium vivax* ainsi son absence empêche l'infection par ce parasite (Guerra et al. 2010).

CHAPITRE III :

SELECTION DU PALUDISME PAR LE TRAIT DREPANOCYTAIRE AU GABON

La principale conclusion de cette étude est une forte association entre le paludisme (chez les personnes asymptomatiques) due à *P. falciparum* et la prévalence des porteurs du trait drépanocytaire. Traduit en échelle de prévalence, l'odds-ratio observé de 1,054 signifie que lorsque par exemple la prévalence du paludisme passe de 40% (sa valeur moyenne) à 50%, le nombre de porteurs du trait drépanocytaire change de 21,1% à 22,0%, soit une augmentation dans nombre de porteurs du trait drépanocytaire de 4,3%. Le même changement dans la prévalence du paludisme conduirait, en l'absence de conseil génétique, à un changement dans la prévalence de la drépanocytose (homozygotes) les nouveau-nés de 4,4% à 4,8%, soit une augmentation de plus de 9%.

L'association positive entre le paludisme à *P. falciparum* chez les personnes asymptomatiques et la prévalence des porteurs du trait drépanocytaire dans les villages bantous concorde avec les conclusions précédentes, en particulier en ce que Piel et al. (2010) ont observé en Afrique, dans l'étude la plus récente et la plus élaborée. Il existe cependant un certain nombre de différences. Premièrement ces auteurs n'ont pas utilisé une mesure continue de la prévalence du paludisme, mais à la place un classement d'endémicité en six niveaux, de l'Holoendémie (sans paludisme) à l'hyper-endémique (à forte transmission de paludisme). Deuxièmement, ils utilisent des données sur le paludisme de l'ère de pré-intervention, qui est antérieure à 1960. Troisièmement, ayant des données individuelles, cela nous ont permis de prendre en compte différents facteurs pouvant prêter à confusion, mais il s'est avéré que seul l'âge était associé au trait drépanocytaire et le paludisme.

Mais la différence sans doute la plus importante entre la présente étude et les précédentes, est que les données utilisées sont basées sur le paludisme clinique, alors qu'ici nous avons trouvé une association entre le port du trait drépanocytaire et le paludisme asymptomatique, même si on ne peut exclure que les personnes infectées ne développent des symptômes que peu de temps après ayant été échantillonné. On pourrait dire que le trait drépanocytaire, en offrant une protection contre le paludisme clinique (Williams et al., 2005, Williams 2006) devrait, être positivement associée au paludisme asymptomatique et négativement associée à un paludisme clinique. Cependant, la modélisation mathématique (Feng et al., 2004, Shin et al 2012) a montré que dans le long terme, des niveaux élevés de prévalence du paludisme sont sélectionnés par le trait drépanocytaire et qu'à son tour une forte prévalence de porteurs de trait drépanocytaire conduit à une plus forte prévalence du paludisme asymptomatique. La prévalence de porteur de trait drépanocytaire est positivement associée à la fois au paludisme asymptomatique et clinique. Ainsi nos résultats démontrent un effet sélectif du paludisme à *P. falciparum* sur le port du trait drépanocytaire.

La deuxième conclusion de notre étude, est l'augmentation significative de la prévalence du port du trait drépanocytaire avec l'âge, elle peut s'expliquer par deux hypothèses.

Tout d'abord, cela pourrait être le signe que la pression sélective du paludisme est modérée à la suite de l'amélioration des soins médicaux et la prophylaxie, les personnes âgées ayant connu dans leur jeunesse une plus forte pression sélective que les jeunes d'aujourd'hui. Sinon, cela pourrait indiquer que le génotype HbAS continue de fournir une protection au génotype HBAA dans la vie adulte.

Le sexe n'a pas été associé au trait drépanocytaire, un résultat qui n'est pas surprenant étant donné que le gène de la bêta-globine est autosomique. Il montre en outre qu'il n'y a pas de différence significative dans la protection contre le paludisme fourni par le trait drépanocytaire pour les hommes et les femmes.

Les résultats obtenus dans cette étude montrent que la pression sélective du paludisme est encore à l'œuvre aujourd'hui, et donne une estimation de la force de cette sélection, consolidant ainsi la place de la drépanocytose comme l'exemple le plus connu d'une maladie génétique sélectionnée pour et maintenue par une maladie infectieuse.

L'association observée au niveau des villages gabonais pourrait être d'intérêt dans une perspective de gestion de la santé. Les villages qui ont un niveau élevé de transmission du paludisme pourraient être la cible de campagnes de lutte contre le paludisme couplés à des campagnes d'information concernant la drépanocytose. En tout état de cause, le paludisme et la drépanocytose sont deux menaces pour la santé enchevêtrées, qui devraient être gérées en synergie. Au Gabon, étant donné que près de 21% de la population est porteuse de l'allèle S (Délicat-Loembet et al 2014), en moyenne 2200 (4,4%) des 50000 enfants nés chaque année dans le pays (Nations Unies 2013) vont développer la maladie.

CONCLUSION GENERALE

Dans ce travail, nous avons abordé le problème de la drépanocytose au sein des populations rurales du Gabon. Le but était de tester *in natura* l'hypothèse selon laquelle le paludisme sélectionnerait positivement la drépanocytose et de quantifier les relations voire les corrélations entre la pression paludéenne et la fréquence de la drépanocytose.

Cela nous a permis au cours de ce travail de dresser une carte de l'épidémiologie de la drépanocytose sur le territoire gabonais et de montrer les corrélations avec le paludisme, tout en étudiant le potentiel transfert de *Plasmodium* de primates non-humains à l'homme.

Au Gabon 21% de la population est porteuse du trait drépanocytaire. La cartographie que nous avons réalisée nous permet de voir la répartition du trait drépanocytose sur le territoire gabonais. Cette dernière montre que les porteurs du trait drépanocytaire qui ne sont pas uniformément repartis sur le territoire gabonais, que l'allèle responsable de la drépanocytose au Gabon est l'allèle « S » et la province la plus touchée est celle de l'Ogooué-Lolo.

Dans notre échantillon composé de personnes de 15 ans minimum, nous n'avons pas d'homozygotes pour l'allèle « S » donc pas des malades drépanocytaires.

Les populations étudiées sont réparties en deux groupes les Pygmées et les Bantus, nous avons observé que la prévalence du trait drépanocytaire était plus importante chez les populations Bantus.

La prévalence du trait drépanocytaire augmente avec l'âge. Il existe une association entre la prévalence du paludisme asymptomatique et le trait drépanocytaire, on note un effet sélectif du paludisme à *P. falciparum* sur le port du trait drépanocytaire. Le port du trait drépanocytaire n'est pas associé au sexe.

Plusieurs autres conclusions ont été faites dans cette étude notamment, qu'il n'y a aucun transfert de *Plasmodium* de primates non-humains à l'homme.

Nous avons retrouvé différentes espèces plasmodiales circulant sur le territoire gabonais : *Plasmodium falciparum, malariae et ovale*. On note que *Plasmodium malariae* n'est pas présent dans certaines provinces du Gabon. *Plasmodium vivax* n'est pas présent au Gabon. Il est important de noter que l'espèce plasmodiale la plus représentée est le *Plasmodium falciparum* avec une prévalence de 91%.

PERSPECTIVES

Après avoir abordé tous ces différents points tout au long de notre étude, il serait important pour pouvoir évaluer l'importance du trait drépanocytaire chez les pygmées du Gabon, de faire un échantillonnage plus important des individus de cette population.

L'absence de *Plasmodium vivax* a été expliquée par l'absence de protéine Duffy au niveau de la surface de globules rouges. Il serait judicieux de procéder à une étude de la caractérisation de la protéine Duffy sur la surface des globules rouges du même jeu de données.

La prévalence de *Plasmodium falciparum* est de 91% au Gabon. Un génotypage des isolats de *P. falciparum* dans les différentes provinces en vue de l'obtention des candidats au vaccin.

Les populations constituant notre cohorte ne sont composées que de personnes asymptomatiques pour le paludisme. Il serait aussi important de faire la même étude sur une cohorte d'individus tout venant et impaludées ce qui nous permettra de savoir si la corrélation paludisme et trait drépanocytaire subsiste.

Connaissant les différentes localités dans lesquelles la prévalence du trait drépanocytose est la plus élevée, nous pourrons dès maintenant procéder à la création des centres intégrés pour la prise en charge, le suivi médical des drépanocytaires et l'homogénéiser des programmes de lutte.

Prevalence of the Sickle Cell Trait in Gabon: A nationwide study.
Delicat-Loembet LM, Elguero E, Arnathau C, Durand P, Ollomo B, Ossari S, Mezui-Me-Ndong J, Mbang Mboro T, Becquart P, Nkoghe D, Leroy E, Sica L, Gonzalez JP, Prugnolle F, Renaud F.

Infect Genet Evol. 2014 Apr 13. pii: S1567-1348(14)00125-7

Malaria continues to select for sickle cell trait in Central Africa
Eric Elguero[a,1,2], **Lucrèce M. Délicat-Loembet**[a,b,1], Virginie Rougerona[,b,1], Céline Arnathau[a], Benjamin Roche[c], Pierre Becquart[a], Jean-Paul Gonzalez[d], Dieudonné Nkoghe[b], Lucas Sica[b], Eric M. Leroy[a,b], Patrick Durand[a], Francisco J. Ayala[e,2], Benjamin Ollomo[b], François Renaud[a,2,3], and Franck Prugnolle[a,b,2,3]
www.pnas.org/cgi/doi/10.1073/pnas.1505665112

No evidence for ape *Plasmodium* infections in humans in Gabon
Lucrèce M. Délicat-Loembet[1,a], Virginie Rougeron[1,2, a], Benjamin Ollomo[1,*], Celine Arnathau[2,3], Benjamin Roche4, Eric Elguero[2], Nancy Diamella Moukodoum[1], Alain-Prince Okougha[1], Bertrand Mve Ondo[1], Larson Boundenga[1], Sandrine Houze[6, 7], Maxime Galan[5], Dieudonne Nkoghe[1], Eric M. Leroy[1, 2], Patrick Durand[2, 3], Christophe Paupy[2], Francois Renaud[2, 3, *], Franck Prugnolle[1, 2, *]
Plos One

Diversity of malaria parasites in great apes in Gabon
Larson Boundenga[1,3*], Benjamin Ollomo[1†], Virginie Rougeron[1,2], Lauriane Yacka Mouele[1], Bertrand Mve-Ondo[1], **Lucrèce M. Delicat-Loembet**[1], Nancy Diamella Moukodoum1, Alain Prince Okouga[1], Céline Arnathau[2], Eric Elguero[2], Patrick Durand[2], Florian Liégeois[1,4], Vanina Bouél, Peggy Motsch1, Guillaume Le Flohic1, Alphonse Ndoungouet1, Christophe Paupy[1,2], Cheikh Tidiane Ba[3], Francois Renaud[2] and Franck Prugnolle[1,2†]
Malaria Journal (2015) 14:111

BIBLIOGRAPHIE ET WEBOGRAPHIE

BIBLIOGRAPHIE

Abdoul Karim Ouattara , Cyrille Bisseye, Bapio Valery Jean Télesphore Elvira BazieBirama Diarra , Tegwindé Rebeca, Compaore , Florencia Djigma , Virginio Pietra , Remy Moret , Jacques Simpore. Glucose-6-phosphate dehydrogenase (G6PD) deficiency is associated with asymptomatic malaria in a rural community in Burkina Faso. Asian Pac J Trop Biomed 2014; 4(8): 655-658.

Agarwal A, Guindo A, Cissoko Y, Taylor JG, Coulibaly D, Koné A, Kayentao K, Djimde A, Plowe CV, Doumbo O, Wellems TE, Diallo D: Hemoglobin C associated with protection from severe malaria in the Dogon of Mali, a West African population with a low prevalence of hemoglobin S.Blood 2000, 96:2358–2363.

Aidoo M, Terlouw DJ, KolczakMS, McElroy PD, ter Kuile FO, Kariuki S, Nahlen BL, Lal AA, Udhayakumar V: Protective effects of the sickle cell gene against malaria morbidity and mortality. Lancet 2002, 359:1311–1312.

Aldiouma Guindo , Rick M. Fairhurst , Ogobara K. Doumbo , Thomas E. Wellems , Dapa A. Diallo. X-Linked G6PD Deficiency Protects Hemizygous Males but Not Heterozygous Females against Severe Malaria. PLoS Med 4(3): e66. doi:10.

Allison A.C. (1954c) Protection afforted by Sickle Cell Trait against subtertian malarial infection. British Medical Journal, i, 290-294.

Ayala FJ. Evolutionary History of the Malaria Parasites. In Encyclopedia of Infectious Diseases. Edited by Tibayrenc M. New York: J Wiley; 2007:175-187.

Badakere SS, Bhatia HM (1970) A fatal transfusion reaction due to anti-Duffy (Fya). Case report. Indian J Med Sci 24: 562–564.

Beet E: Sickle cell disease in the Balovale District of Northern Rhodesia.East Afr Med J 1946, 23:75–86.

Bouyou-Akotet MK, Mawili-Mboumba DP, Kendjo E, Mabika-Mamfoumbi M, Ngoungou EB, Dzeing-Ella A, Pemba-Mihindou M, Ibinga E, Efame-Eya E, Planche T, et al: Evidence of decline of malaria in the general hospital of Libreville, Gabon from 2000 to 2008. Malar J 2009, 8(1):300.

Brain P: The sickle cell trait; its clinical significance. S Afr Med J 1952, 26:925–928.

Brockelman CR, Wongsattayanont B, Tan-ariya P, Fucharoen S. Thalassemic erythrocytes inhibit *in*
vitro growth of *Plasmodium falciparum. J Clin Microbiol* 1987 ; 25 : 56-61.

Bunn HF: Pathogenesis and treatment of sickle cell disease. N Engl J Med 1997, 337:762–769.

Cappellini MD, Fiorelli G. Glucose-6-phosphate dehydrogenase deficiency. Lancet 2008; 371(9606):   64-74.

Carlson J, Helmby H, Hill AV, Brewster D, Greenwood BM, Wahlgren M: Human cerebral malaria: association with erythrocyte rosetting and lack of anti-rosetting antibodies. Lancet 1990, 336:1457–1460.

Cavasini CE, Mattos LC, Couto AA, Bonini-Domingos CR, Valencia SH, et al. (2007) Plasmodium vivax infection among Duffy antigen-negative individuals from the Brazilian Amazon region: an exception?Trans R Soc Trop Med Hyg 101: 1042–1044

Chen LY. Does Plasmodium falciparum have an Achilles' heel? Malar Chemother Control Elimin. 2014 Apr 5;3(1). pii: 114.

Chitnis CE, Miller LH: Identification of the erythrocyte binding domains of *Plasmodium vivax* and *Plasmodium knowlesi* proteins involved in erythrocyte invasion. J Exp Med 180:497, 1994.

Clegg JB, Weatherall DJ: Thalassemia and malaria: new insights into an old problem. Proc Assoc Am Phys 1999, 111:278–282.

Coatney GR, Collins WE, Warren M, Contacos PG (1971). The primate malarias.Washington:
illustrated. U. S. Government Printing Office. 366 p

Cholera R, Brittain NJ, Gillrie MR, Lopera-Mesa TM, Diakité SAS, Arie T, Krause MA, Guindo A, Tubman A, Fujioka H, Diallo DA, Doumbo OK, Ho M, Wellems TE, Fairhurst RM: Impaired cytoadherence of Plasmodium falciparum-infected erythrocytes containing sickle hemoglobin. Proc Natl Acad Sci USA 2008, 105:991–996.

Cox-Singh J, Davis TME, Lee KS, Shamsul SSG, Matusop A, Ratnam S, Rahman HA, Conway DJ, Singh B (2008) Plasmodium knowlesi malaria in humans is widely distributed and potentially life threatening. Clinical Infectious Diseases 46(2): 165-171.

Culleton RL, Mita T, Ndounga M, Unger H, Cravo PV, Paganotti GM, Takahashi N, Kaneko A, Eto H, Tinto H, Karema C, D'Alessandro U, do Rosario V, Kobayakawa T, Ntoumi F, Carter R, Tanabe K (2008) Failure to detect Plasmodium vivax in West and Central Africa by PCR species typing. Malar J 7: 174.

Da Costa L[1], Galimand J, Fenneteau O, Mohandas N. Hereditary spherocytosis, elliptocytosis, and other red cell membrane disorders. Blood Rev. 2013 Jul;27(4):167-78. doi: 10.1016/j.blre.2013.04.003. Epub 2013 May 9.

Darbari, Deepika S. et al. 2012. "Markers of Severe Vaso-Occlusive Painful Episode Frequency in Children and Adolescents with Sickle Cell Anemia." *The Journal of pediatrics* 160(2):286–90. Retrieved June 26, 2012 (http://www.ncbi.nlm.nih.gov/pubmed/21890147).

Délicat-Loembet L, Elguero E, Arnathau C, Durand P, Ollomo B, Ossari J, Mezui-Me-Ndong J, Mbang Mboro T, Becquart P, Nkoghe D, Leroy EM, Sica L, Gonzalez JP, Prugnolle F, Renaud F (2014a) Prevalence of sickle-cell trait in Gabon : a nationwide study. IGE 25:52-56.

Dhanpat K.K., Vishal S., Narvachan S., Sanjay K.K., Vijay Kumar S., Ashis D. (2005). Plasmodium vivax malaria. Emerging Infectious Diseases 11(1).

Diallo, Dapa, and Gil Tchernia. 2002. "Sickle Cell Disease in Africa." *Current opinion in hematology* 9(2):111–16. Retrieved (http://www.ncbi.nlm.nih.gov/pubmed/11844993).

Diego Ayala1,2*, Anna Ullastres 3 and Josefa González 3*. Adaptation through chromosomal inversions in Anopheles. Front Genet. 2014 May 21;5:129. doi: 10.3389/fgene.2014.00129. eCollection 2014.

Dolai, Tuphan Kanti, Shyamali Dutta, Maitree Bhattacharyya, and Malay Kumar Ghosh. 2012. "Prevalence of Hemoglobinopathies in Rural Bengal, India." *Hemoglobin* 36(1):57–63. Retrieved June 26, 2012 (http://www.ncbi.nlm.nih.gov/pubmed/22004064).

Fairhurst RM, Baruch DI, Brittain NJ, Ostera GR, Wallach JS, Hoang HL, Hayton K, Guindo A, Makobongo MO, Schwartz OM, Tounkara A, Doumbo OK, Diallo DA, Fujioka H, Ho M, Wellems TE: Abnormal display of PfEMP-1 on erythrocytes carrying haemoglobin C may protect against malaria. Nature 2005, 435:1117–1121.

Feng Z, Smith DL, McKenzie FE, Levin SA (2004) Coupling ecology and evolution: malaria and the S-gene across time scales. Mathematical Biosciences 189:1-19.

Figtree M., Lee R., Bain L., Kennedy T., Mackertich S., Urban M., Cheng Q., Hudson B.J. (2010). *Plasmodium Knowlesi* in human, Indonesian Borneo. *Emerg Infect Dis* 16(4): 672-4.

Firth, Paul G. et al. 2011. "A Survey of Perioperative Management of Sickle Cell Disease in North America." *Paediatric anaesthesia* 21(1):43–49. Retrieved June 26, 2012 (http://www.ncbi.nlm.nih.gov/pubmed/20880153).

Flint, J. et al. High frequencies of α-thalassaemia are the result of natural selection by malaria. Nature 321, 744–750 (1986).

Friedman MJ: Erythrocytic mechanism of sickle cell resistance to malaria. Proc Natl Acad Sci USA 1978, 75:1994–1997.

Froment A. Evolutionary biology and health of hunter-gatherer populations. In Hunter-gatherers: an interdisciplinary perspective. Edited by Panter-Brick C, Layton RH Rowley-Conwy P. Cambridge, UK, Cambridge University Press; 2001:239-266.

Gaur D, Mayer D, Miller L 2004. Parasite ligand-host receptor interactions during invasion of erythrocytes by Plasmodium merozoites. Int J Parasitol 34: 1413-1429

Gilles HM, Fletcher KA, Hendrickse RG, Lindner R, Reddy S, Allan N: Glucose-6-phosphate-dehydrogenase deficiency, sickling, and malaria in African children in South Western Nigeria. Lancet 1967, 1:138–140.

Ginsburg H, Handeli S, Friedman S, Gorodetsky R, Krugliak M: Effects of red blood cell potassium and hypertonicity on the growth of Plasmodium falciparum in culture. Z Parasitenkd 1986, 72:185–199.

Gong L[1], Parikh S, Rosenthal PJ, Greenhouse B. Biochemical and immunological mechanisms by which sickle cell trait protects against malaria. Malar J. 2013 Sep 11;12:317. doi: 10.1186/1475-2875-12-317

Guberti, A. et al. 1984. "Anesthesia and Sickle Cell Disease." *Minerva med* 34(6):766–85. Retrieved (http://www.ncbi.nlm.nih.gov/pubmed/21992742).

Guerra, Carlos a et al. 2010. "The International Limits and Population at Risk of Plasmodium Vivax Transmission in 2009." *PLoS neglected tropical diseases* 4(8):e774. Retrieved March 8, 2012 (http://www.pubmedcentral.nih.gov/articlerender.fcgi?artid=2914753&tool =pmcentrez&rendertype=abstract).

Haldane JBS: Disease and evolution. Ricerca Science Supplement 1949, 19:3–10.

Hedrick, P. W. 2011. "Population Genetics of Malaria Resistance in Humans." *Heredity* 107(4):283–304. Retrieved March 22, 2014 (http://www.pubmedcentral.nih.gov/articlerender.fcgi?artid=3182497&tool =pmcentrez&rendertype=abstract).

Horuk R, Chitnis CE, Darbonne WC, Colby TJ, Rybicki A, et al. (1993) A receptor for the malarial parasite Plasmodium vivax: the erythrocyte chemokine receptor. Science 261: 1182–1184.

Ifediba TC, Stern A, Ibrahim, A Rieder RF. *Plasmodium falciparum* in vitro: diminished growth in Hemoglobin H disease erythrocytes. *Blood* 1985 ; 65 : 452-6.

Ingram VM: Abnormal human haemoglobins. III. The chemical differencebetween normal and sickle cell haemoglobins. Biochim Biophys Acta 1959, 36:402–411.

Jallow M, Teo YY, Small KS, Rockett KA, Deloukas P, Clark TG, Kivinen K, Bojang KA, Conway DJ, Pinder M, Sirugo G, Sisay-Joof F, Usen S, Auburn S, Bumpstead SJ, Campino S, Coffey A, Dunham A, Fry AE, Green A, Gwilliam R, Hunt SE, Inouye M, Jeffreys AE, Mendy A, Palotie A, Potter S, Ragoussis J, Rogers J, Rowlands K, et al: Genome-wide and fine-resolution association analysis of malaria in West Africa. Nat Genet 2009, 41:657–665.

Jastaniah, Wasil. 2011. "Epidemiology of Sickle Cell Disease in Saudi Arabia." *Annals of Saudi medicine* 31(3):289–93. Retrieved April 29, 2012 (http://www.pubmedcentral.nih.gov/articlerender.fcgi?artid=3119971&tool =pmcentrez&rendertype=abstract).

Kamini M., Barbara J.S., Marchesini P., Carter R. (2001). The Neglected Burden of Plasmodium vivax malaria. American Journal of Tropical Medicine and Hygiene. 64 (1.2): 97-106.

Kéclard L, Ollendorf V, Berchel C, Loret H, Mérault G. beta S haplotypes, alpha-globin genestatus, and hematological data of sickle cell disease patients in Guadeloupe (F.W.I.). Hemoglobin 1996;20(1):63-74.

Kumar, Ravindra, Inusha Panigrahi, Ashwin Dalal, and Sarita Agarwal. 2012. "Sickle Cell Anemia--Molecular Diagnosis and Prenatal Counseling: SGPGI Experience." *Indian journal of pediatrics* 79(1):68–74. Retrieved June 26, 2012 (http://www.ncbi.nlm.nih.gov/pubmed/21713598).

Kwiatkowski D, Molyneux ME, Stephens S, Curtis N, Klein N, Pointaire P, Smit M, Allan R, Brewster DR, Grau GE, et al. (1993). Anti-TNF therapy inhibits fever in cerebral malaria. Q J Med. 86(2):91-8.

Labie, D., and J. Elion. 2010. "The Problem of Sickle Cell Disease in Africa." *Medecine tropicale revue du Corps de sante colonial* 70(5-6):449–53. Retrieved (http://www.ncbi.nlm.nih.gov/pubmed/21520645).

LaMonte G, Philip N, Reardon J, Lacsina JR, Majoros W, Chapman L, Thornburg CD, Telen MJ, Ohler U, Nicchitta CV, Haystead T, Chi J-T: Translocation of sickle cell erythrocyte microRNAs into Plasmodium falciparum inhibits parasite translation and contributes to malaria resistance. Cell Host Microbe 2012, 12:187–199.

Larina SN, Sakharova TV, Chebyshev NV. Genetic resistance to malaria. Med Parazitol (Mosk). 2009 Apr-Jun;(2):10-4.

Leikin SL, Gallagher D, Kinney TR, Sloane D, Klug P et al. Mortality in children and adolescents with sickle cell disease. Cooperative Study of Sickle Cell Disease. Pediatrics 1989;84(3): 500-508.

Lekana-Douki JB[1], Pontarollo J, Zatra R, Toure-Ndouo FS. Malaria in Gabon: results of a clinical and laboratory study at the Chinese-Gabonese Friendship Hospital of Franceville. Sante. 2011 Oct-Dec;21(4):193-8. doi: 10.1684/san.2011.0263.

Lekana-Douki JB, Bongui JB, Oyegue Liabagui SL et al. (2011) In vitro antiplasmodial activity and cytotoxicity of nine plants traditionally used in Gabon. Journal of Ethnopharmacology 133, 1103–1108.

Linda Duval, « *Plasmodium* chez les grands singes africains », *Revue de primatologie*[En ligne], 4 | 2012, document 14, mis en ligne le 08 octobre 2012, Consulté le 25 septembre 2014. URL : http://primatologie.revues.org/1178 ; DOI : 10.4000/primatologie.1178

Liu W[1], Li Y[1], Shaw KS[2], Learn GH[1], Plenderleith LJ[3], Malenke JA[1], Sundararaman SA[4], Ramirez MA[1], Crystal PA[1], Smith AG[1], Bibollet-Ruche F[1], Ayouba A[5],Locatelli S[5], Esteban A[5], Mouacha F[5], Guichet E[5], Butel C[5], Ahuka-Mundeke S[6], Inogwabini BI[7], Ndjango JB[8], Speede S[9], Sanz CM[10], Morgan DB[11], Gonder MK[12], Kranzusch PJ[13], Walsh PD[14], Georgiev AV[15], Muller MN[16], Piel AK[17], Stewart FA[14], Wilson ML[18], Pusey AE[19], Cui L[20], Wang Z[20], Färnert A[21],Sutherland CJ[22], Nolder D[22], Hart JA[23], Hart TB[23], Bertolani P[24], Gillis A[25], LeBreton M[25], Tafon B[26], Kiyang J[27], Djoko CF[25], Schneider BS[25], Wolfe ND[25],Mpoudi-Ngole E[28], Delaporte E[5], Carter R[29], Culleton RL[30], Shaw GM[4], Rayner JC[31], Peeters M[5], Hahn BH[4], Sharp PM[32]. African origin of the malaria parasite Plasmodium vivax. Nat Commun. 2014;5:3346. doi: 10.1038/ncomms4346

Luzzatto L, Nwachuku-Jarrett ES, Reddy S: Increased sickling of parasitised erythrocytes as mechanism of resistance against malaria in the sickle cell trait. Lancet 1970, 1:319–321.

Mackinnon MJ, Mwangi TW, Snow RW, Marsh K, Williams TN: Heritability of malaria in Africa. PLoS Med 2005, 2:e340.

Manganelli G, Masullo U, Passarelli S, Filosa S. Glucose-6- phosphate dehydrogenase deficiency: disadvantages and possible benefits. Cardiovasc Hematol Disord Drug Targets 2013; 13(1): 73-

Mawili-mboumba, Denise P., Marielle K. Bouyou Akotet, Eric Kendjo, Joseph Nzamba, and Mathieu Owono Medang. 2013. "Increase in Malaria Prevalence and Age of at Risk Population in Different Areas of Gabon." 1–7.

Marsh K, Otoo L, Hayes RJ, Carson DC, Greenwood BM: Antibodies to blood stage antigens of Plasmodium falciparum in rural Gambians and their relation to protection against infection. Trans R Soc Trop Med Hyg 1989, 83:293–303.

Martin MJ, Rayner JC, Gagneux P, Barnwell JW, Varki A (2005) Evolution of human-chimpanzee differences in malaria susceptibility: relationship to human genetic loss of N-glycolylneuraminic acid. Proc Natl Acad Sci U S A 102(36): 12819-12824.

Mathews HM, Armstrong JC (1981) Duffy blood types and vivax malaria in Ethiopia. Am J Trop Med Hyg 30: 299–303.

McMorran BJ, Wieczorski L, Drysdale KE, Chan JA, Huang HM, et al. (2012) Platelet factor 4 and Duffy antigen required for platelet killing of Plasmodium falciparum. Science 338: 1348–1351.

Miller L.H., Good M.F., Milon G. (1994). Malaria pathogenesis. Science 264(5167):1878-83.

Miller L, Mason S, Clyde D, McGinniss M (1976) The resistance factor to Plasmodium vivax in blacks.   The Duffy-blood-group genotype, FyFy. N Engl J Med 295: 302–304

Ménard D[1], Barnadas C, Bouchier C, Henry-Halldin C, Gray LR, Ratsimbasoa A, Thonier V, Carod JF, Domarle O, Colin Y, Bertrand O, Picot J, King CL,Grimberg BT, Mercereau-Puijalon O, Zimmerman PA."Plasmodium Vivax Clinical Malaria Is Commonly Observed in Duffy-Negative Malagasy People." Proc Natl Acad Sci U S A. 2010 Mar 30;107(13):5967-71. doi: 10.1073/pnas.0912496107. Epub 2010 Mar 15

Menard D[1], Chan ER, Benedet C, Ratsimbasoa A, Kim S, Chim P, Do C, Witkowski B, Durand R, Thellier M, Severini C, Legrand E, Musset L, Nour BY,Mercereau-Puijalon O, Serre D, Zimmerman PA. Whole genome sequencing of field isolates reveals a common duplication of the Duffy binding protein gene in Malagasy Plasmodium vivax strains. PLoS Negl Trop Dis. 2013 Nov 21;7(11):e2489. doi: 10.1371/journal.pntd.0002489. cCollection 2013

Mohandas N[1], An X. Malaria and human red blood cells. Med Microbiol Immunol. 2012 Nov;201(4):593-8. doi: 10.1007/s00430-012-0272-z. Epub 2012 Sep 11.

Moise KJ (2000) Non-anti-D antibodies in red-cell alloimmunization. Eur J Obstet Gynecol Reprod Biol92: 75–81.

Ndao M, Bandyayera E, Kokoskin E, Gyorkos TW, MacLean JD, Ward BJ. Comparison of Blood Smear, Antigen Detection, and Nested-PCR Methods for Screening Refugees from Regions Where Malaria Is Endemic after a Malaria Outbreak in Quebec, Canada. J Clin Microbiol 2004;42(6):2694-2700.

Neel JV. The Inheritance of Sickle Cell Anemia. Science 1949;110:64-66.

Nick Carter , Allan Pamba , Stephan Duparc and John N Waitumbi. Frequency of glucose-6-phosphate dehydrogenase deficiency in malaria patients from six African countries enrolled in two randomized anti-malarial clinical trials. Malaria Journal 2011, 10:241

Nkoghe, Dieudonne et al. 2011. "Risk Factors for Zaire Ebolavirus – Specific IgG in Rural Gabonese Populations." 204(Suppl 3).

Nsimba B, Guiyedi V, Mabika-Mamfoumbi M, Mourou-Mbina JR, NgoungouE, Bouyou-Akotet M, Loembet R, Durand R, Le Bras J, Kombila M:Sulphadoxine/pyrimethamine versus amodiaquine for treating uncomplicated childhood malaria in Gabon: a randomized trial to guide national policy. Malar J 2008, 7:31

Ojwang PJ, Ogada T, Beris P, Hattori Y, Lanclos KD et al. Haplotypes and alpha globin gene
analyses in sickle cell anaemia patients from Kenya. Br J Haematol 1987;65:211-215.

Ockenhouse CF, Tandon NN, Magowan C, Jamieson GA, Chulay JD: Identification of a platelet membrane glycoprotein as a falciparum malaria sequestration receptor. Science 1989, 243:1469–1471.

Ondo JP[1], Lekana-Douki JB, Bongui JB, Zang Edou ES, Zatra R, Toure-Ndouo FS, Elomri A, Lebibi J, Seguin E. In vitro antiplasmodial activity and cytotoxicity of extracts and fractions of Vitex madiensis, medicinal plant ofGabon. Trop Med Int Health. 2012 Mar;17(3):316-21. doi: 10.1111/j.1365-3156.2011.02922.x. Epub 2011 Dec 5.

Oner C, Dimovski AJ, Olivieri NF, Schiliro G, Codrington JF et al. Beta S haplotypes in
various world populations. Hum Genet 1992;89:99-104.

Orjih AU, Chevli R, Fitch CD: Toxic heme in sickle cells: an explanation for death of malaria parasites. Am J Trop Med Hyg 1985, 34:223–227.

Parikh S, Dorsey G, Rosenthal PJ: Host polymorphisms and the incidence of malaria in Ugandan children. Am J Trop Med Hyg 2004, 71:750–753.

Paupy C, Makanga B, Ollomo B, Rahola N, Durand P, Magnus J, Willaume E, Renaud F, Fontenille D, Prugnolle F (2013) Anopheles moucheti and Anopheles vinckei are candidate vectors of ape Plasmodium parasites, including Plasmodium praefalciparum in Gabon. PLoS One 8(2): e57294.

Pasvol G, Weatherall DJ, Wilson RJ: Cellular mechanism for the protective effect of haemoglobin S against P. falciparum malaria. Nature 1978, 274:701–703.

Pattanapanyasat K, Yongvanitchit K, Tongtawe P, Tachanavich K, Wanachiwanawin W, Fucharoen S, Walsh DS. Impairment of *Plasmodium falciparum* growth in thalassemic red blood cells: Further evidence by using biotin labeling and flow cytometry. *Blood* 1999 ; 93 : 3116-9.

Piel, Frédéric B. et al. 2010. "Global Distribution of the Sickle Cell Gene and Geographical Confirmation of the Malaria Hypothesis." *Nature communications* 1:104. Retrieved March 30, 2012 (http://www.pubmedcentral.nih.gov/articlerender.fcgi?artid=3060623&tool =pmcentrez&rendertype=abstract).

Prugnolle F, Ollomo B, Durand P, Yalcindag E, Arnathau C, et al. (2011) African monkeys are infected by Plasmodium falciparum nonhuman primate-specific strains. Proc Natl Acad Sci U S A 108: 11948–11953. doi:10.1073/pnas.1109368108.

Prugnolle F, Rougeron V, Becquart P, Berry A, Makanga B, Rahola N, Arnathau C, Ngoubangoye B, Menard S, Willaume E, Ayala FJ, Fontenille D, Ollomo B, Durand P, Paupy C, Renaud F (2013) Diversity, host switching and evolution of Plasmodium vivax infecting African great apes. Proc Natl Acad Sci U S A 110(20): 8123-8128.

Quintana-Murci, L., Quach, H., Harmant, C., Luca, F., Massonnet, B., et al., 2008.Maternal traces of deep common ancestry and asymmetric gene flow between Pygmy hunter–gatherers and Bantu-speaking farmers. Proc. Natl. Acad. Sci. 105(5), 1596–1601

Rayner JC, Liu W, Peeters M, Sharp PM, Hahn BH (2011) A plethora of Plasmodium species in wild apes: a source of human infection? Trends Parasitol 27(5): 222-229.

Ronald L. Nagel, Dominique Labie.2002. La résistance innée au paludisme due aux anomalies de l'hémoglobine. Hématologie 8, 6 : 405-13.

Rosanas-Urgell A[1], Lin E, Manning L, Rarau P, Laman M, Senn N, Grimberg BT, Tavul L, Stanisic DI, Robinson LJ, Aponte JJ, Dabod E, Reeder JC, Siba P,Zimmerman PA, Davis TM, King CL, Michon P, Mueller I.

Reduced risk of Plasmodium vivax malaria in Papua New Guinean children with Southeast Asian ovalocytosis in two cohorts and a case-control study. PLoS Med. 2012;9(9):e1001305. doi: 10.1371/journal.pmed.1001305. Epub 2012 Sep 4.

Roth EF Jr, Friedman M, Ueda Y, Tellez I, Trager W, Nagel RL: Sickling rates of human AS red cells infected in vitro with Plasmodium falciparum malaria. Science 1978, 202:650–652.

Ruwende C[1], Khoo SC, Snow RW, Yates SN, Kwiatkowski D, Gupta S, Warn P, Allsopp CE, Gilbert SC, Peschu N, et al. Natural selection of hemi- and heterozygotes for G6PD deficiency in Africa by resistance to severe malaria. Nature. 1995 Jul 20;376(6537):246-9.

Ruwende C[1], Hill A. Glucose-6-phosphate dehydrogenase deficiency and malaria. J Mol Med (Berl). 1998 Jul;76(8):581-8.

Sarno L. Song from the forest: my life with with the ba-Banjelle Pygmies. Boston: Houghton
Mifflin; 1993 320p.

Serjeant, Graham R. 2001. "The Emerging Understanding of Sickle Cell Disease." *British journal of haematology* 112:3–18.

Shin E, Feng Z, Castillo-Chavez C (2012) Differential impact of sickle cell trait on symptomatic and asymptomatic malaria. Mathematical Biosciences and Engineering 9(4):877-898.

Smolarek D, Bertrand O, Czerwinski M, Colin Y, Etchebest C, et al. (2010) Multiple interests in structural models of DARC transmembrane protein. Transfus Clin Biol 17: 184–196.

Souza-Silva FA[1], Torres LM[1], Santos-Alves JR[1], Tang ML[1], Sanchez BA[2], Sousa TN[1], Fontes CJ[3], Nogueira PA[4], Rocha RS[1], Brito CF[1], Adams JH[5], Kano FS[1], Carvalho LH[1]. Duffy antigen receptor for chemokine (DARC) polymorphisms and its involvement in acquisition of inhibitory anti-duffy binding protein II (DBPII) immunity. PLoS One. 2014 Apr 7;9(4):e93782. doi: 10.1371/journal.pone.0093782. eCollection 2014.

Sundararaman SA, Liu W, Keele BF, Learn GH, Bittinger K, Mouacha F, Ahuka-Mundeke S, Manske M, Sherrill-Mix S, Li Y, Malenke JA, Delaporte E, Laurent C, Mpoudi Ngole E, Kwiatkowski DP, Shaw GM,

Rayner JC, Peeters M, Sharp PM, Bushman FD, Hahn BH (2013) Plasmodium falciparum-like parasites infecting wild apes in southern Cameroon do not represent a recurrent source of human malaria. Proc Natl Acad Sci U S A 110(17): 7020-7025.

Taís Nóbrega de Sousa/+, Flora Satiko Kano, Cristiana Ferreira Alves de Brito, Luzia Helena Carvalho. The Duffy binding protein as a key target for a Plasmodium vivax vaccine: lessons from the Brazilian Amazon. Mem Inst Oswaldo Cruz, Rio de Janeiro, Vol. 109(5): 608-617, August 2014

Taylor SM, Cerami C, Fairhurst RM: Hemoglobinopathies: slicing the Gordianknot of Plasmodium falciparum malaria pathogenesis. PLoS Pathog 2013,9:e1003327.

Taylor SM, Parobek CM, Fairhurst RM: Haemoglobinopathies and the clinical epidemiology of malaria: a systematic review and meta-analysis. Lancet Infect Dis 2012, 12:457–468.

Tournamille C, Colin Y, Cartron JP, Le Van Kim C (1995) Disruption of a GATA motif in the Duffy gene promoter abolishes erythroid gene expression in Duffy-negative individuals. Nat Genet 10:224–22.

Tsaras G, Owusu-Ansah A, Owusa Boateng F, Amoateng-Adjepong Y. Complications associated with Sickl Cell Trai: A brief narrative review. Am J Med 2009; 122(6):507-512.

Taliaferro, W. H., and J. G. Huck. 1923. "The Inheritance of Sickle-Cell Anaemia in Man." *Genetics* 8(6):594–98. Retrieved (http://www.pubmedcentral.nih.gov/articlerender.fcgi?artid=1023792&tool =pmcentrez&rendertype=abstract).

Tshilolo, L. 2009. "Etude Du Profil Protéique de 45 Enfants Drépanocytaires Homozygotes Congolais." *Ann Biol Clin* 67(6):607–12.

Walton RT, Rowland-Jones SL (2008) HIV and chemokine binding to red blood cells—DARC matters.Cell Host Microbe 4: 3–5.

Welch SG, McGregor IA, Williams K (1977) The Duffy blood group and malaria prevalence in Gambian West Africans. Trans R Soc Trop Med Hyg 71: 295–296.

Wiles, NM, and J. Howard. 2009. "Role of Hydroxycarbamide in Prevention of Complications in Patients with Sickle Cell Disease." *Therapeutics And*

Clinical Risk Management 5(5):745–55. Retrieved (http://www.ncbi.nlm.nih.gov/pubmed/19816573).

Williams TN, Maitland K, Bennett S, Ganczakowski M. High incidence of malaria in alpha-thalassaemic children. *Nature* 1996 ; 383 : 522-5.

Williams TN, Mwangi TW, Wambua S, Alexander ND, Kortok M, Snow RW, Marsh K (2005) Sickle Cell Trait and the Risk of Plasmodium falciparum Malaria and Other Childhood Diseases. Journal of Infectious Diseases 192:178-186.

Williams TN (2006) Human red blood cell polymorphisms and malaria. Current Opinion in Microbiology 9:388-394.

Wright GJ, Rayner JC (2014) Plasmodium falciparum erythrocyte invasion: combining function with immune evasion. PLoS Pathog 10(3): e1003943.

Yazdani SS, Mukherjee P, Chauhan VS, Chitnis CE: Immune responses toasexual blood-stages of malaria parasites. Curr Mol Med 2006, 6:187–203.

Yuthavong Y, Butthep P, Bunyaratvej A, Fucharoen S, Khusmith S. Impaired parasite growth and increased susceptibility to phagocytosis of *Plasmodium falciparum* infected alpha-thalassemia or hemoglobin Constant Spring red blood cells. *Am J Clin Pathol* 1988 ; 89 : 521-5.

Zatra R[1], Lekana-douki JB, Lekoulou F, Bisvigou U, Ngoungou EB, Ndouo FS. In vitro antimalarial susceptibility and molecular markers of drug resistance in Franceville, Gabon. BMC Infect Dis. 2012 Nov 15;12:307. doi: 10.1186/1471-2334-12-307.

WEBOGRAPHIE

Le 20/12/2013

http://www.scienceinschool.org/2010/issue14/evolution/french

http://www.news-medical.net/health/Sickle-Cell-Disease-Genetics-(French).aspx

http://www.futura-sciences.com/magazines/sante/infos/actu/d/sante-depister-maladies-sang-ecoutant-cri-globules-rouges-47524/

http://acces.ens-lyon.fr/biotic/evolut/mecanismes/globines/html/synthese.htm

http://svt.ac-dijon.fr/schemassvt/article.php3?id_article=2677

http://pedagogie.ac-guadeloupe.fr/sciences_vie_et_terre/drepanocytose_dossier_complet_sur_malad ie

www.meine-mathe.de/Chimie/eModules/2b1/ddt.html

http://www.paperblog.fr/5368466/conseils-pour-l-interpretation-d-une-prise-de-sang-de-son-chien-ou-de-son-chat/

http://www.chups.jussieu.fr/polys/biochimie/BGbioch/POLY.Chp.7.html

Le 15/02/2014

http://ghr.nlm.nih.gov/condition/glucose-6-phosphate-dehydrogenase-deficiency

http://www.un.org/french/pubs/chronique/2004/numero1/0104p72.asp

Le 04/03/2014

http://www2.cnrs.fr/presse/communique/1828.htm

http://blog.santelog.com/2013/11/19/paludisme-plasmodium-vivax-mute-et-menace-lafrique-plos-neglected-tropical-disease/

http://www.jle.com/e-docs/00/02/24/38/article.phtml

http://www.memobio.fr/html/para/pa_mi_palt.html

Le 11/09/2014

http://gabonreview.com/blog/le-paludisme-premiere-cause-de-deces-au-gabon/

http://www.who.int/mediacentre/factsheets/fs094/fr/

http://www.lucperino.com/darwin/protection_paludisme.php

Le 24/09/2014

www.orpha.net/data/patho/Pub/fr/BetaThalassemie-FRfrPub51.pdf

Le 25/09/2014

http://primatologie.revues.org/1178

http://www.sciencedirect.com/science/article/pii/S1471492211000195

http://www.ifmt.auf.org/IMG/pdf/Qu_est-ce_qu_une_regression_logistisque_-_Rev_Mal_Respir_2005_22_159-162.pdf

ANNEXES

Carte du Gabon montrant les différents sites d'échantillonnage

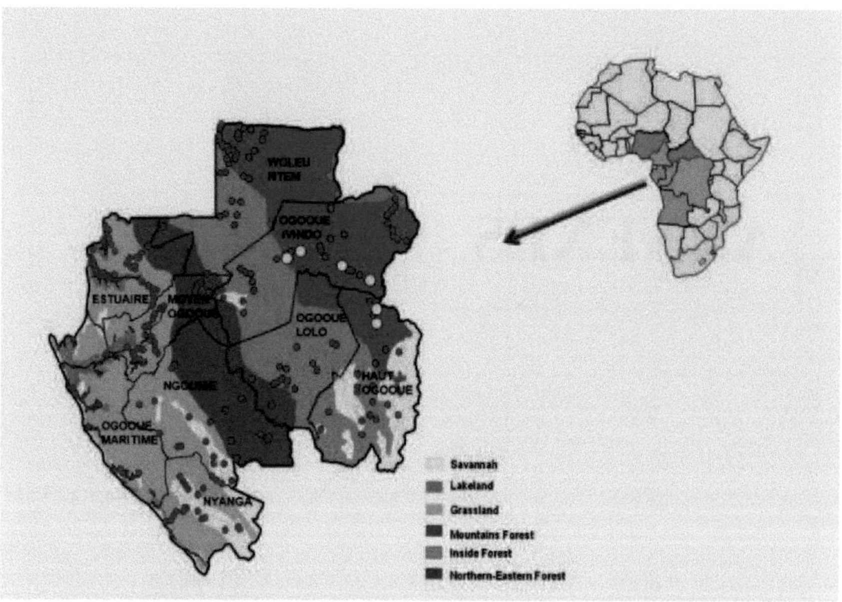

Annexe 1: Carte du Gabon avec des limites des régions administratives et l'emplacement des villages enrôlés (cercles rouges), strictement géo-référencé et généré par MAPINFO. Tous les écosystèmes sont représentés en couleur de fond. Les villages où les enfants de moins de 16 ans ont été inclus sont indiqués par des cercles jaunes.(**Nkoghe et al. 2011**)

ANNEXE II

Purification automatisée de produits de PCR avec le kit AMpure et le robot BioMeck3000

1. Préparer EtOH à **70 %**.

	16 PCR	32 PCR	48 PCR	64 PCR	80 PCR	96 PCR
EtOH 95%	5,16	9,58	14,74	19,16	24,32	24,32
H2O milliQ	1,84	3,42	5,26	6,84	8,68	8,68

2. Allumer le robot.

3. Ouvrir le logiciel de pilotage en double cliquant sur **Biomeck Software**.

4. Vérifier le mode (simulation ou réel): dans le menu déroulant **Instrument** sélectionner **Hardware Setup**. Le Port doit être : **COM1**.

5. Initialiser le robot : dans le menu déroulant **Instrument** sélectionner **Home All Axes**.

6. Au niveau de **File** sélectionner **Open**.
La fenêtre **Open Method** s'ouvre.
Dans le menu déroulant de **Look in** : choisir **AMpure**.
Sélectionner **AMpure 96 B3K1 00-3,2** puis cliquer sur **OK**.

7. Sélectionner **IS1-Master Instrument Set Up** dans la description de la méthode pour visualiser le plan de travail et installer les accessoires nécessaires.

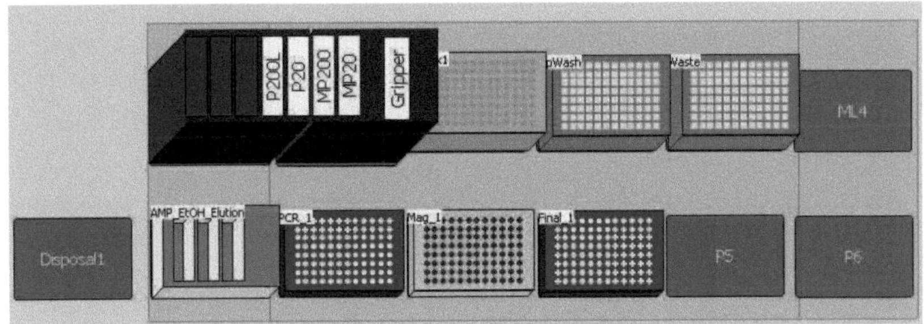

Figure: plan de travail

Vérifier la position des outils (pipettes et gripper).

Disposer une boîte de cônes 200µl sur l'emplacement Tip Box1, une Deepwell de lavage (TipWash) et une autre pour la poubelle (Waste). Remplir les colonnes de lavage au ¾ avec de l'H$_2$O osmosée (eau de la pissette, non autoclavée).

Remarques : pour une purification qui commence à une colonne x, le robot fera les lavages au niveau de la colonne x de la Deepwell lavage mais **il utilisera toujours la première colonne de la boîte des cônes**.

Si des puits sont vides, retirer les cônes correspondants (ne pas se tromper de colonne !).

Remplir les 3 cuves **AMP_EtOH_Elution** avec respectivement de l'AMpure préalablement bien homogénisé, EtOH 70% et de l'eau milliQ.

Installer la plaque 96 puits semi-jupée sur un support BC Flat (plaque Elisa) ce qui correspond à l'emplacement **PCR_1**.
Placer le support magnétique sur l'emplacement **Mag_1**.
Si vous voulez transférer l'éluat, placer une autre plaque 96 puits semi-jupée sur un support BC Flat au niveau de **Final_1**.

8. Lancer le programme en cliquant sur la flèche verte ▶.

9. Une fenêtre de paramètres s'ouvre :

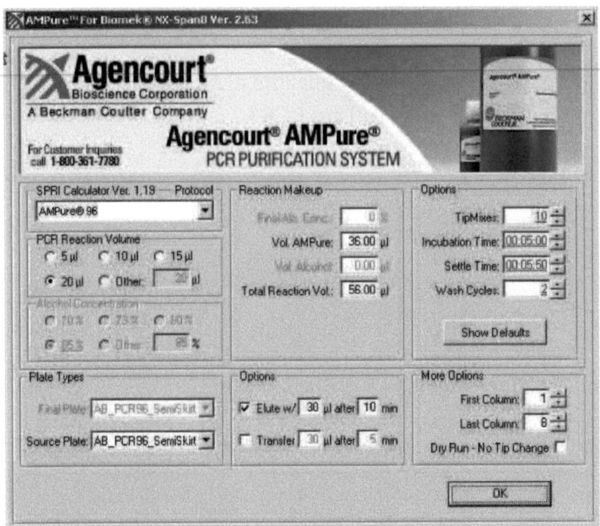

Figure: paramètres de la méthode AMPure

a. Indiquer le volume de réactions de PCR à purifier dans **PCR Reaction Volume**.

Indiquer le volume à éluer dans **Options**. Si vous ne voulez pas transférer l'éluat sur une autre plaque ne pas cocher **Transfer**.

Indiquer la localisation des échantillons sur la plaque au niveau de **More Options** en renseignant la première colonne **First Column** et la dernière colonne **Last Column**.

Cliquer sur **OK**.

Une deuxième fenêtre s'ouvre, il s'agit du plan de travail à vérifier. Cliquer sur **OK**.

10. Une fois la méthode terminée, vous pouvez la fermer : dans **File** choisir **Close**.

11. Recouvrir la plaque et la vortexer pour relarguer les produits de PCR dans l'eau.

12. Rincer les DeepWells avec de l'eau du robinet puis de l'eau osmosée.

13. Les cônes peuvent être réutilisés 10 fois. Indiquer leur utilisation sur la boîte de cônes.

14. S'inscrire sur le cahier robot en précisant la quantité d'AMPure utilisé (18µl AMPure pour 10µl PCR, 27µl AMPure pour 15µl PCR).

15. Fermer le logiciel et éteindre le robot.

ANNEXE III

Amorces taguées pour le séquençage 454 Gs Flx Titanium

Amorces Forward

Construction: Adaptateur(CCATCTCATCCCTGCGTGTCTCCGAC)-clé(TCAG)-tag (7pb)-amorce

454F2-1 CCATCTCATCCCTGCGTGTCTCCGACTCAGACGTACATWAATTAYCCATGYCCATTRAA

454F2-2 CCATCTCATCCCTGCGTGTCTCCGACTCAGACTAGCATWAATTAYCCATGYCCATTRAA

454F2-3 CCATCTCATCCCTGCGTGTCTCCGACTCAGACTCGTCTWAATTAYCCATGYCCATTRAA

454F2-4 CCATCTCATCCCTGCGTGTCTCCGACTCAGACTGATATWAATTAYCCATGYCCATTRAA

454F2-5 CCATCTCATCCCTGCGTGTCTCCGACTCAGAGACGTATWAATTAYCCATGYCCATTRAA

454F2-6 CCATCTCATCCCTGCGTGTCTCCGACTCAGAGCAGTCTWAATTAYCCATGYCCATTRAA

454F2-7 CCATCTCATCCCTGCGTGTCTCCGACTCAGAGCTCGCTWAATTAYCCATGYCCATTRAA

454F2-8 CCATCTCATCCCTGCGTGTCTCCGACTCAGAGCTGCATWAATTAYCCATGYCCATTRAA

454F2-9 CCATCTCATCCCTGCGTGTCTCCGACTCAGAGTACGATWAATTAYCCATGYCCATTRAA

454F2-10 CCATCTCATCCCTGCGTGTCTCCGACTCAGAGTCTGCTWAATTAYCCATGYCCATTRAA

454F2-11 CCATCTCATCCCTGCGTGTCTCCGACTCAGATAGTCATWAATTAYCCATGYCCATTRAA

454F2-12 CCATCTCATCCCTGCGTGTCTCCGACTCAGATCACTATWAATTAYCCATGYCCATTRAA

454F2-13 CCATCTCATCCCTGCGTGTCTCCGACTCAGATCTGACTWAATTAYCCATGYCCATTRAA

454F2-14 CCATCTCATCCCTGCGTGTCTCCGACTCAGATGCATCTWAATTAYCCATGYCCATTRAA

454F2-15 CCATCTCATCCCTGCGTGTCTCCGACTCAGATGCTGTTWAATTAYCCATGYCCATTRAA

454F2-16 CCATCTCATCCCTGCGTGTCTCCGACTCAGATGTCGATWAATTAYCCATGYCCATTRAA

454F2-17 CCATCTCATCCCTGCGTGTCTCCGACTCAGCACGCATTWAATTAYCCATGYCCATTRAA

454F2-18 CCATCTCATCCCTGCGTGTCTCCGACTCAGCAGATCATWAATTAYCCATGYCCATTRAA

454F2-19 CCATCTCATCCCTGCGTGTCTCCGACTCAGCAGTAGCTWAATTAYCCATGYCCATTRAA

454F2-20 CCATCTCATCCCTGCGTGTCTCCGACTCAGCATACGCTWAATTAYCCATGYCCATTRAA

454F2-21 CCATCTCATCCCTGCGTGTCTCCGACTCAGCATCGACTWAATTAYCCATGYCCATTRAA

454F2-22 CCATCTCATCCCTGCGTGTCTCCGACTCAGCGAGTGATWAATTAYCCATGYCCATTRAA

454F2-23 CCATCTCATCCCTGCGTGTCTCCGACTCAGCGTGCTATWAATTAYCCATGYCCATTRAA

454F2-24 CCATCTCATCCCTGCGTGTCTCCGACTCAGCTACAGATWAATTAYCCATGYCCATTRAA

454F2-25 CCATCTCATCCCTGCGTGTCTCCGACTCAGCTACGTCTWAATTAYCCATGYCCATTRAA

454F2-26 CCATCTCATCCCTGCGTGTCTCCGACTCAGCTAGTATTWAATTAYCCATGYCCATTRAA

454F2-27 CCATCTCATCCCTGCGTGTCTCCGACTCAGCTATCGCTWAATTAYCCATGYCCATTRAA

454F2-28 CCATCTCATCCCTGCGTGTCTCCGACTCAGCTCAGCTTWAATTAYCCATGYCCATTRAA

454F2-29 CCATCTCATCCCTGCGTGTCTCCGACTCAGCTCATGCTWAATTAYCCATGYCCATTRAA

454F2-30 CCATCTCATCCCTGCGTGTCTCCGACTCAGACAGCGTTWAATTAYCCATGYCCATTRAA

454F2-31 CCATCTCATCCCTGCGTGTCTCCGACTCAGACTCAGTTWAATTAYCCATGYCCATTRAA

454F2-32 CCATCTCATCCCTGCGTGTCTCCGACTCAGAGTATCTTWAATTAYCCATGYCCATTRAA

454F2-33 CCATCTCATCCCTGCGTGTCTCCGACTCAGATCTAGTTWAATTAYCCATGYCCATTRAA

454F2-34 CCATCTCATCCCTGCGTGTCTCCGACTCAGCATCTGTTWAATTAYCCATGYCCATTRAA

454F2-35 CCATCTCATCCCTGCGTGTCTCCGACTCAGCGTACATTWAATTAYCCATGYCCATTRAA

454F2-36 CCATCTCATCCCTGCGTGTCTCCGACTCAGCGTCGCTTWAATTAYCCATGYCCATTRAA

Amorces Reverse

Construction: Adaptateur (CCTATCCCCTGTGTGCCTTGGCAGTC)-clé(TCAG)-tag (7pb)-amorce

454R-A CCTATCCCCTGTGTGCCTTGGCAGTCTCAGACGTACACCWGTWGCYTGCATYTATCT

454R-B CCTATCCCCTGTGTGCCTTGGCAGTCTCAGATGATCGCCWGTWGCYTGCATYTATCT

454R-C CCTATCCCCTGTGTGCCTTGGCAGTCTCAGAGTATCTCCWGTWGCYTGCATYTATCT

454R-D CCTATCCCCTGTGTGCCTTGGCAGTCTCAGATAGCTGCCWGTWGCYTGCATYTATCT

454R-E CCTATCCCCTGTGTGCCTTGGCAGTCTCAGATCGACGCCWGTWGCYTGCATYTATCT

454R-F CCTATCCCCTGTGTGCCTTGGCAGTCTCAGATCTAGTCCWGTWGCYTGCATYTATCT

454R-G CCTATCCCCTGTGTGCCTTGGCAGTCTCAGAGCTATGCCWGTWGCYTGCATYTATCT

454R-H CCTATCCCCTGTGTGCCTTGGCAGTCTCAGACAGTAGCCWGTWGCYTGCATYTATCT

454R-I CCTATCCCCTGTGTGCCTTGGCAGTCTCAGACTCAGTCCWGTWGCYTGCATYTATCT

454R-J CCTATCCCCTGTGTGCCTTGGCAGTCTCAGACGTCAGCCWGTWGCYTGCATYTATCT

454R-K CCTATCCCCTGTGTGCCTTGGCAGTCTCAGACAGCGTCCWGTWGCYTGCATYTATCT

454R-L CCTATCCCCTGTGTGCCTTGGCAGTCTCAGATGCGAGCCWGTWGCYTGCATYTATCT

454R-M CCTATCCCCTGTGTGCCTTGGCAGTCTCAGATGCTGTCCWGTWGCYTGCATYTATCT

454R-N CCTATCCCCTGTGTGCCTTGGCAGTCTCAGCACGATGCCWGTWGCYTGCATYTATCT

454R-O CCTATCCCCTGTGTGCCTTGGCAGTCTCAGCACGCATCCWGTWGCYTGCATYTATCT

454R-P CCTATCCCCTGTGTGCCTTGGCAGTCTCAGCAGACTGCCWGTWGCYTGCATYTATCT

454R-Q CCTATCCCCTGTGTGCCTTGGCAGTCTCAGCATCACGCCWGTWGCYTGCATYTATCT

454R-R CCTATCCCCTGTGTGCCTTGGCAGTCTCAGCTCAGCTCCWGTWGCYTGCATYTATCT

454R-S CCTATCCCCTGTGTGCCTTGGCAGTCTCAGCGTACATCCWGTWGCYTGCATYTATCT

454R-T CCTATCCCCTGTGTGCCTTGGCAGTCTCAGCTAGTATCCWGTWGCYTGCATYTATCT

454R-U CCTATCCCCTGTGTGCCTTGGCAGTCTCAGCGTCGCTCCWGTWGCYTGCATYTATCT

454R-V CCTATCCCCTGTGTGCCTTGGCAGTCTCAGCTGACGTCCWGTWGCYTGCATYTATCT

454R-W CCTATCCCCTGTGTGCCTTGGCAGTCTCAGACTAGCACCWGTWGCYTGCATYTATCT

454R-X CCTATCCCCTGTGTGCCTTGGCAGTCTCAGAGACGTACCWGTWGCYTGCATYTATCT

ANNEXE IV

Représentation schématique du génome mitochondrial de *Plasmodium falciparum*

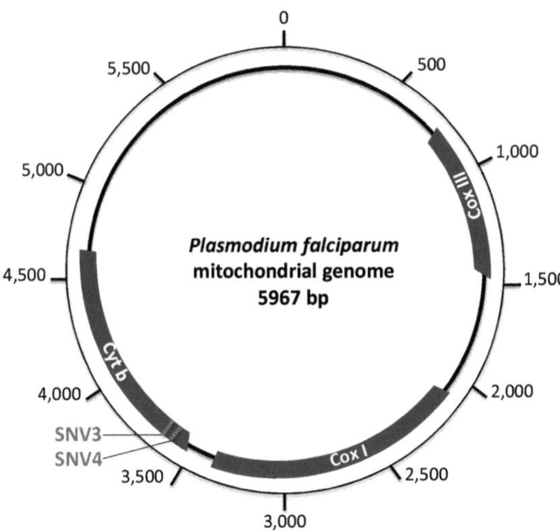

Annexe 4 : **Représentation schématique du génome mitochondrial de *Plasmodium falciparum*.** En vert sont représentées les trois protéines codant pour les gènes du génome mitochondrial des parasites de plasmodium.

ANNEXE V

Exemple de Combinaison de Tag

Plaque 1												
	454F2-1	454F2-2	454F2-3	454F2-4	454F2-5	454F2-6	454F2-7	454F2-8	454F2-9	454F2-10	454F2-11	454F2-12
454R-A	454F2-1 454R-A	454F2-2 454R-A	454F2-3 454R-A	454F2-4 454R-A	454F2-5 454R-A	454F2-6 454R-A	454F2-7 454R-A	454F2-8 454R-A	454F2-9 454R-A	454F2-10 454R-A	454F2-11 454R-A	454F2-12 454R-A
454R-B	454F2-1 454R-B	454F2-2 454R-B	454F2-3 454R-B	454F2-4 454R-B	454F2-5 454R-B	454F2-6 454R-B	454F2-7 454R-B	454F2-8 454R-B	454F2-9 454R-B	454F2-10 454R-B	454F2-11 454R-B	454F2-12 454R-B
454R-C	454F2-1 454R-C	454F2-2 454R-C	454F2-3 454R-C	454F2-4 454R-C	454F2-5 454R-C	454F2-6 454R-C	454F2-7 454R-C	454F2-8 454R-C	454F2-9 454R-C	454F2-10 454R-C	454F2-11 454R-C	454F2-12 454R-C
454R-D	454F2-1 454R-D	454F2-2 454R-D	454F2-3 454R-D	454F2-4 454R-D	454F2-5 454R-D	454F2-6 454R-D	454F2-7 454R-D	454F2-8 454R-D	454F2-9 454R-D	454F2-10 454R-D	454F2-11 454R-D	454F2-12 454R-D
454R-E	454F2-1 454R-E	454F2-2 454R-E	454F2-3 454R-E	454F2-4 454R-E	454F2-5 454R-E	454F2-6 454R-E	454F2-7 454R-E	454F2-8 454R-E	454F2-9 454R-E	454F2-10 454R-E	454F2-11 454R-E	454F2-12 454R-E
454R-F	454F2-1 454R-F	454F2-2 454R-F	454F2-3 454R-F	454F2-4 454R-F	454F2-5 454R-F	454F2-6 454R-F	454F2-7 454R-F	454F2-8 454R-F	454F2-9 454R-F	454F2-10 454R-F	454F2-11 454R-F	454F2-12 454R-F
454R-G	454F2-1 454R-G	454F2-2 454R-G	454F2-3 454R-G	454F2-4 454R-G	454F2-5 454R-G	454F2-6 454R-G	454F2-7 454R-G	454F2-8 454R-G	454F2-9 454R-G	454F2-10 454R-G	454F2-11 454R-G	454F2-12 454R-G
454R-H	454F2-1 454R-H	454F2-2 454R-H	454F2-3 454R-H	454F2-4 454R-H	454F2-5 454R-H	454F2-6 454R-H	454F2-7 454R-H	454F2-8 454R-H	454F2-9 454R-H	454F2-10 454R-H	454F2-11 454R-H	454F2-12 454R-H

ANNEXE VI

Exemple de Résultats Sur Gel Isoélectrofocalisation

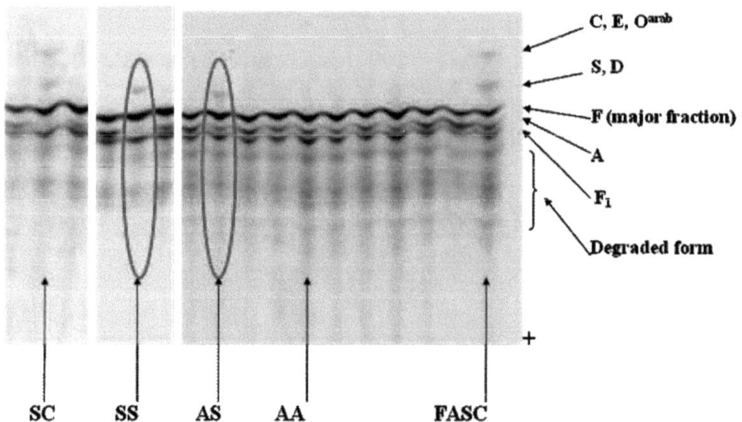

ANNEXE VII

Exemple de Résultats obtenus en HPLC

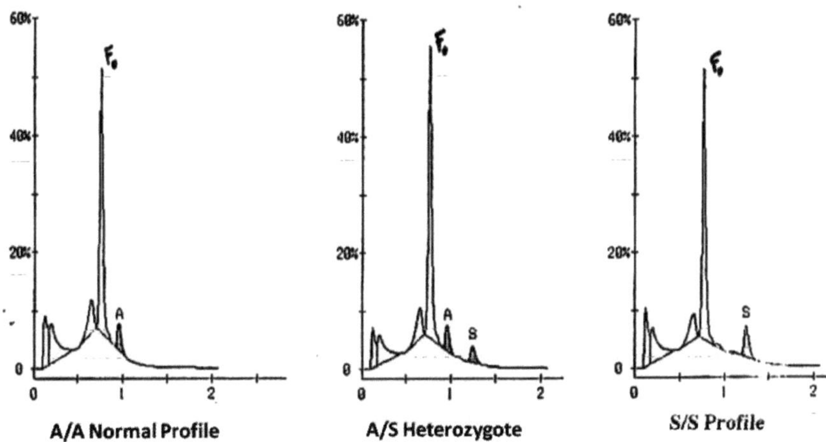

Buy your books fast and straightforward online - at one of the world's fastest growing online book stores! Environmentally sound due to Print-on-Demand technologies.

Buy your books online at

www.get-morebooks.com

Achetez vos livres en ligne, vite et bien, sur l'une des librairies en ligne les plus performantes au monde!
En protégeant nos ressources et notre environnement grâce à l'impression à la demande.

La librairie en ligne pour acheter plus vite

www.morebooks.fr

SIA OmniScriptum Publishing
Brivibas gatve 1 97
LV-103 9 Riga, Latvia
Telefax: +371 68620455

info@omniscriptum.com
www.omniscriptum.com

Printed by Books on Demand GmbH, Norderstedt / Germany